MÉMOIRE

SUR

LES MINES DE RONCHAMP

DÉPARTEMENT DE LA HAUTE-SAONE

PAR

M. F. MATHET

Ingénieur en chef des mines de Blanzy.

***

PREMIÈRE PARTIE

***

Extrait du *Bulletin de la Société de l'Industrie minérale.* —Deuxième série — Tome X, 2ᵐᵉ livraison.

***

SAINT-ÉTIENNE

IMPRIMERIE THÉOLIER FRÈRES

Rue Gérentet, 12.

—

1881

BULLETIN

DE LA

SOCIÉTÉ DE L'INDUSTRIE MINÉRALE.

MÉMOIRE

SUR LES MINES DE RONCHAMP

DÉPARTEMENT DE LA HAUTE-SAÔNE

Par M. F. MATHET,

Ingénieur en chef des mines de Blanzy.

INTRODUCTION.

En 1856, j'ai été placé à la direction des mines de Ronchamp, par les soins de Jules Callon, qui venait d'être choisi par la Cie comme ingénieur-conseil, et j'y suis resté jusqu'en 1875, époque à laquelle je quittai pour entrer à la Cie de Blanzy.

Durant ces 19 ans, j'ai assisté et coopéré à une transformation presque complète des mines de Ronchamp, transformation dont le résultat a été de quadrupler la production en la faisant passer de 50.000 tonnes à plus de 200.000.

Comme il me paraissait utile de faire connaître cette transformation dans ses moyens et son développement, de même que la constitution du bassin, peu connue, en somme, par les publications antérieures, j'ai réuni de très-nombreux matériaux pour la rédaction du présent mémoire. Mon intention était de le publier avant de quitter Ronchamp ; la plus grande partie en était rédigée lorsque je dus partir pour Blanzy ; depuis, les nombreuses occupations et les soucis de mon nouveau poste ne me permirent pas tout d'abord de terminer mon travail. Mais j'ai pensé qu'il pouvait être utile de ne pas laisser perdre des notes qui ont encore leur actualité et qui, peut-être dans quelques années, ne présenteraient plus le même intérêt, par suite de l'épuisement des anciens siéges d'extraction, du déplacement de la production, et, je puis le dire, de la nouvelle situation faite à Ronchamp, depuis 1870, par la séparation de l'Alsace, ainsi que par la concurrence de plus en plus grande des charbons de la Sarre sur le marché de l'Est.

J'ai indiqué tout-à-l'heure la production de 200.000 tonnes.

Le nombre très-limité de couches exploitées, leur allure tourmentée, leur profondeur et surtout leur étendue assez bornée ne permettaient pas de dépasser de beaucoup ce chiffre déjà raisonnable, étant donné le champ très-restreint des débouchés pour les produits. On n'a donc jamais cherché dans les installations à obtenir les chiffres élevés de production que donnent certains siéges du Nord de la France ; et les constructions, en général, présentent un caractère simple qui n'exclut pas les meilleures dispositions, mais qui, ennemi du luxe et de l'apparat, donne ce qu'il faut et rien de plus.

Ce caractère d'économie et de simplicité est peut-être poussé un peu loin et enlève parfois le confort qui est cependant nécessaire à une bonne organisation et à un travail actif. Le provisoire souvent s'éternise, et tel puits dont la durée atteint 40 ans est simplement entouré du bâtiment en pans de bois, sans prétention à l'élégance qui a servi dès l'origine.

Ce n'est pas qu'on n'eût pu mieux faire et imiter de loin les belles installations du Pas-de-Calais ; mais le Conseil d'Administration, imbu de cette idée de simplicité et d'économie, dont on ne peut lui faire un reproche, n'a jamais voulu, pendant cette longue période de près de 20 ans, s'écarter de ce principe. Mais depuis, et suivant d'autres inspirations, il semble que l'on ait adopté d'autres vues qui, à mon avis, ne seraient pas justifiées par les circonstances. Ce n'est pas, du reste, Callon qui eût poussé Ronchamp dans la voie des constructions grandioses et dispendieuses. Il affectionnait les installations anglaises qui non-seulement ne recouvrent pas les puits, mais qui parfois, dans leurs machines, ne mettent que le strict nécessaire pour protéger le machiniste contre les intempéries (1).

Aussi, par ces sages mesures d'économie avec une main-d'œuvre assez peu élevée, disposant d'un combustible excellent et susceptible d'être utilisé à tous les usages, possédant enfin un marché exceptionnel sous le rapport du prix de vente que la concurrence n'était pas encore venue abaisser, il n'est pas étonnant que les mines de Ronchamp aient réalisé les meilleures conditions financières, malgré les grandes fautes faites dans l'origine, et procuré à ses actionnaires des résultats que pourraient envier un grand nombre de mines, infiniment mieux dotées comme richesses.

Il en est des affaires industrielles comme des peuples ; elles naissent, ont parfois des débuts pénibles dans lesquels elles se développent lentement jusqu'au jour où ayant trouvé leur voie, elles grandissent, s'étendent en surmontant les obstacles et atteignent rapidement un sommet où elles doivent s'arrêter un moment, pour redescendre ensuite lentement le versant opposé derrière lequel est l'inconnu. C'est aussi l'image de Ronchamp qui, dans un cycle relativement court, a parcouru les premières phases et paraît entrer dans une nouvelle période difficile à définir, mais qui, assurément, ne sera pas exempte de difficultés, car elle aura à surmonter les plus grands obstacles que la nature s'est plû à opposer à la science du mineur.

Profondeur considérable qui oblige à aller chercher le combustible à 7 et 800 mètres de profondeur, et qui nécessite l'emploi de machines très-puissantes et très-coûteuses, abondance de grisou croissant avec la profondeur et qui a fait de Ronchamp une des mines les plus difficiles à exploiter.

Si à ces difficultés matérielles, on ajoute celles qui résultent de la situation commerciale qui depuis un certain nombre

---

(1) *Bulletin de l'Industrie minérale*, t. VII, p. 6. — Voyage en Angleterre, par MM. de Braquemont, Cabany, Demilly, Lahure et Quillacq.

d'années est devenue de plus en plus pénible par suite de la concurrence croissante des charbons étrangers et de la suppression du droit protecteur que ces charbons avaient à payer pour toute la région annexée, on m'accordera sans doute que les mines de Ronchamp, sans vouloir préjuger de l'avenir, sont entrées dans une ère de lutte dont elles sortiront, je l'espère, à leur avantage. En industrie, qui dit lutte dit progrès, et on peut être assuré que les ingénieurs éminents qui sont à la tête des conseils de la mine, seront à la hauteur de la situation et sauront surmonter toutes les difficultés et rendre à Ronchamp son ancienne splendeur.

Le voyageur qui, arrivant de Paris dans la belle saison, fatigué d'une longue nuit passée en chemin de fer, se réveille à l'aube à Vesoul, chef-lieu de la Haute-Saône, est frappé de la beauté du pays dans lequel il entre et dont la ville qu'il a sous les yeux, éclairée par le soleil levant et dominée par le coteau charmant que surmonte un coquet édifice, lui donne déjà un heureux avant goût.

Bientôt il dépasse Lure et aperçoit les premiers mamelons arrondis des montagnes des Vosges. Sur un de ces mamelons, à gauche du chemin de fer, est une chapelle dont le dôme s'aperçoit de très-loin et qui fut de tout temps un lieu de pèlerinage ; elle domine un village à cheval sur une petite rivière.

C'est Ronchamp, avec sa nouvelle église à la flèche élancée ; ses usines et ses puits dont les hautes cheminées lancent dans les airs des panaches de fumée qui sillonnent la vallée et vont se perdre dans les grands bois qui enceignent le tableau d'un cadre gracieux. La voie ferrée respectant ce paysage se tient sur la hauteur en échancrant la montagne de grès rouge et cachant par un immense et incommode remblai le petit vallon de la houillère où sont situées la maison d'administration et les habitations des ingénieurs et qui fut autrefois le siége de l'ancienne exploitation.

Les strates houillères qui constituent le bassin de Ronchamp sont certes loin d'avoir, au point de vue de l'avenir, l'importance de celles que renferment les bassins principaux, tels que ceux du Nord, du Centre, de Saint-Etienne et du Midi de la France ; cependant, par sa position topographique et géologique, ainsi que par les difficultés inhérentes à son exploitation, l'étude de ce bassin présente un intérêt réel.

Placé près d'un des grands centres manufacturiers de l'Est, il était destiné avant l'annexion à contrebalancer dans une certaine mesure l'importation des houilles prussiennes, et, par suite, à acquérir lui-même un grand degré de développement et de prospérité.

Des idées très-sages n'ont pas toujours présidé à ce développement qui, dès mon entrée en 1856, eût dû déjà présenter un notable accroissement, si des fautes graves n'avaient été commises, fautes dont les conséquences désastreuses devaient peser très-longtemps sur l'exploitation et compromettre même l'existence de certains puits.

Le but de ce mémoire est donc de décrire le bassin de Ronchamp au point de vue de la géologie et de l'exploitation, de passer en revue les diverses phases de son développement, de noter d'une manière impartiale les erreurs dans lesquelles on est tombé ; enfin, après avoir parlé des ressources de son exploitation à différentes époques, indiquer ce qu'elles vont être dans l'avenir.

Ce mémoire comprendra deux parties :

Dans la première, nous parlerons de la formation de la Société et des diverses modifications qu'elle a subies aussi bien dans sa forme que dans les périmètres concédés depuis son origine.

Elle sera suivie d'une étude géologique des différents terrains que l'on rencontre.

La deuxième partie traitera de l'exploitation et des questions qui s'y rattachent.

Objet
de
ce mémoire.

Division
du travail.

Elle sera elle-même subdivisée en deux périodes correspondant : l'une à l'ancienne exploitation et aux procédés suivis et prenant fin vers 1860 ; la seconde comprenant la dernière période de 1860 à 1875 et jusqu'à ce jour.

PREMIÈRE PARTIE

Aperçu historique.

Les mines de Ronchamp et Champagney sont exploitées depuis plus d'un siècle.

On lit, en effet, dans le tome I de l'*Explication de la Carte géologique de la France*, par Elie de Beaumont et Dufrénoy, p. 685 : « Guettard et Lavoisier, dans le voyage qu'ils firent ensemble dans les Vosges en 1767, ont visité les mines de houille de Ronchamp qui venaient d'être ouvertes. » On trouve dans l'ouvrage du docteur Morand : *Du charbon de terre et de ses mines*, publié en 1773, t. II, page 449 : « La ville de Bâle en a cependant introduit l'usage (de la houille) dans les foyers domestiques ; on trouve beaucoup de profit à se servir du charbon de terre de Champagney, près de Ronchamp, en Franche-Comté. »

Duhamel fils, ingénieur des mines, cite les mines de Champagny dans un mémoire sur la houille publié en 1793 (*Journal des mines*, n° 8, p. 36), dont il indique la direction des couches, leur inclinaison et le nombre des veines qu'il fixe à 4.

Enfin, d'après l'ouvrage de Héron de Villefosse : *Richesse minérale*, publié en 1819, le département de la Haute-Saône tirait annuellement à cette époque 160.000 quintaux, soit 8.000 tonnes métriques de houille des mines de Ronchamp et Champagney.

Du reste, les affleurements des couches qui existent à fleur de terre à peine recouverts par un peu d'humus sur une étendue de plus de trois kilomètres, ont dû être fouillés de tout temps par les habitants du pays.

Avant la Révolution de 1789, ces mines appartenaient aux abbés de Lure et aux seigneurs de Champagny. Elles devinrent lors de la Révolution propriétés nationales et firent partie du domaine de l'Etat qui les amodia le 1er thermidor, an VIII, pour une durée de 18 ans, au sieur Poncéot Dominique, négociant à Lure, à la condition de payer à l'Etat 0ᶠ,45 pour chaque quintal de houille extrait sur la commune de Ronchamp, et 0ᶠ,75 pour chaque quintal de houille extrait sur la commune de Champagny.

On évalua pour déterminer les droits d'enregistrement de l'acte d'amodiation à 85.000 qx. les quantités à extraire par année, savoir :   10.000 qx. de la houillère de Ronchamp et 75.000 qx. de la houillère de Champagny.

Le sieur Poncéot avait choisi pour caution les nommés Philibert Bavoux, négociant à Ronchamp, et Pancrace Lallemand, aubergiste au même lieu, dont les familles existent encore dans le pays.

L'importance du cautionnement avait été fixée à 150.000 francs ; cette somme fut couverte et au-delà par les titulaires.

L'amodiation fut définitivement approuvée par le ministre de la République Gaudin, le 29 frimaire an IX.

Cependant, une protestation énergique, soulevée par des influences locales, ne tarda pas de surgir dans le but d'obtenir la résiliation du bail, qui, d'après les évaluations du conservateur des domaines et de l'inspecteur des forêts de cette époque, devait rapporter à l'Etat annuellement la somme de 35 à 40.000 francs.

Si on admet ces chiffres, il en résulterait que la production des mines ne dépassait pas alors 50.000 qx., ce qui serait bien peu ; mais on peut supposer que la surveillance assez peu effective qui était exercée sur les mines à cette époque, permettait aux exploitants de tromper facilement le Trésor.

Il y a lieu d'admettre que le chiffre de 8.000 tonnes ou 160.000 qx., cité par Héron de Villefosse, en 1819, se rap-

proche de la vérité, quoique à vrai dire, il doive lui être notablement supérieur, puisqu'il se rapporte à une date de 19 ans,
postérieure à celle du bail.

Quoi qu'il en soit, et malgré toutes les protestations, le bail
fut maintenu, et le sieur Poncéot put exploiter les mines, non
pas cependant sans conteste.

En effet, à cette époque, an X, les anciens barons de
Ronchamp qui possédaient la moitié de ces mines avaient pu,
grâce à leur nationalité étrangère, rentrer en possession de
leurs biens qui n'avaient été mis que sous séquestre et, par
le fait d'un arrangement à l'amiable avec les fermiers, ils
exploitèrent en commun avec eux jusqu'à la fin du bail.

Période de 1830 à 1842. Depuis l'expiration du bail, soit vers 1815, l'exploitation
fut continuée par les mêmes seigneurs de Ronchamp, jusqu'en
1830, époque à laquelle intervint l'ordonnance royale du 5 mai
qui régularisa la situation et transforma les droits acquis en
une véritable concession délimitée régulièrement et renfermant
une surface de 31 kilomètres carrés 65 hectares.

Cette ordonnance du 5 mai 1830 porte :

« Art. 1ᵉʳ. — L'ancienne concession des mines de houille
« de Ronchamp et Champagney, accordée à M. l'Abbé de Lure,
« et aux seigneurs de Ronchamp, par les arrêtés du Conseil
« d'État du 1ᵉʳ mars 1763, 24 septembre 1768 et 30 mars
« 1784, possédée aujourd'hui par les sieurs Dandlau, Dolfus-
« Mieg et Cⁱᵉ, par suite de diverses transmissions, et notamment
« par la vente de la moitié de ces mines, opérée par la caisse
« d'amortissement, par l'adjudication du 4 juin 1812, est
« définitivement limitée ainsi qu'il suit..... »

C'est la délimitation primitive indiquée sur la carte d'ensemble et qui a été modifiée une première fois vers 1842,
sur la demande des concessionnaires de l'abandon des parties
stériles situées au Nord de la concession ; puis une deuxième
fois, en 1864, par l'adjonction de la bande méridionale étroite
qui fut tout ce que la Cⁱᵉ houillère obtint de sa demande en

extension de concession qu'elle **avait** produite dès le mois d'octobre 1845.

De 1830 à 1842, l'exploitation fut continuée par la Société Dandlau, Dolfus-Mieg et Cie, dans toute la partie longeant les affleurements et jusqu'à la profondeur de 100 mètres environ.

À cette époque, les travaux, qui peu à peu s'étaient appauvris par la rencontre de serrements à l'Est et à l'Ouest, et par une protubérance du terrain de transition, dite *soulèvement méridional*, furent totalement interrompus et la houillère fut vendue par licitation et aux enchères publiques à Lure, le 14 juin 1842, à MM. Demandre, Bezançon et Cie, pour la somme de 600.000 francs.

Période de 1842 à 1854.

Dans ce prix étaient compris non-seulement la houillère et ses dépendances, maison d'habitation d'ingénieur, d'administrateur, d'ouvrier et de magasin, etc., mais encore les bâtiments, fourneaux et matériel d'une forge à l'anglaise, qui avait été établie depuis peu par les anciens propriétaires.

Cette usine fut démolie et la revente de tout le matériel s'éleva à 127.000 francs, qui, jointe à la valeur d'un lot de forêts qui produisit encore 100.000 francs, réduit à 373.000 francs, la valeur du capital engagé dans cette affaire par les nouveaux acquéreurs (1).

Cette somme, quoique bien faible, fut jugée exorbitante par suite du peu de ressources que présentaient les travaux, d'après l'avis émis par M. Drouot, ingénieur des mines, qui, dans un de ses rapports de 1841, s'exprimait ainsi (2) :

« Actuellement, le gîte est épuisé, comme l'ont montré « divers sondages établis à l'Est, au Sud et à l'Ouest des « exploitations.

« A l'Est, le terrain houiller s'amincit et disparaît entre les « grès supérieurs et le terrain de transition.

---

(1) Mémoire de la Cie Demandre à l'appui de la demande en modification du périmètre de cette concession, 24 mai 1851, p. 5.

(2) Même mémoire, p. 4.

« Au Sud, il est limité par un relèvement du terrain de
« transition qui au-delà se trouve recouvert immédiatement
« par les grès supérieurs. »

Tout le monde croyait donc alors à l'épuisement des couches de houille que l'on supposait entièrement bornées par le soulèvement méridional qui s'étendait à peu près parallèlement à leur direction.

Cependant, il est un fait capital dont on ne paraît pas s'être suffisamment inspiré. Je veux parler du grand sondage sur Ronchamp, sur lequel j'aurai à revenir en parlant de l'ancienne exploitation et qui, commencé le 19 octobre 1824, rencontrait le terrain houiller à 204 mètres et traversait une couche de houille à 249 mètres, puis entrait dans le terrain de transition à 280 mètres, sans indiquer de deuxième couche qui cependant existait en ce point, comme les travaux d'exploitation l'ont prouvé ultérieurement. Ce sondage, entrepris sur les conseils de M. Thirria, ingénieur des mines, tombait nécessairement, comme le plan d'ensemble l'indique, en dehors du soulèvement méridional, et il était une preuve irréfragable du prolongement du gîte houiller en profondeur.

Il devait donc enlever toute inquiétude aux nouveaux concessionnaires sur l'avenir de leur affaire. Et quoique la couche reconnue fût déjà morcelée en plusieurs bancs, elle devait être un sûr garant des richesses que de nouveaux puits foncés dans la plaine au Sud des anciens travaux devaient forcément rencontrer.

Cependant, au lieu d'utiliser les fonds disponibles à une œuvre sérieuse, MM. Demandre et Cie commencèrent, le 13 août 1844, un autre sondage dans la plaine au point X de la Pl. X, qui fut terminé le 15 août 1845, et qui trouva :

le terrain houiller à . . . . 245^{m}
la première couche, à 290
et fut arrêté à 293
par des éboulements qui obligèrent de laisser l'outil dans le trou.

La couche traversée avait 2^m,97 d'épaisseur ayant la composition suivante :

Houille dure	0^m,66
Id. bonne qualité	0,62
1re mise de schiste	0,37
Charbon bonne qualité	0,32
2me mise de schiste	0,10
Charbon bonne qualité	0,40
3me mise de schiste	0,10
Charbon bonne qualité	0,40

$$2^m,97$$

C'est à la suite de ce sondage que la Cie se décida à foncer le puits Saint-Charles, qui fut commencé le 11 septembre 1845 et qui atteignait la première couche le 19 août 1847, à la profondeur de 225^m,80. L'épaisseur de cette couche était de 2^m,83 dont 2^m,50 de bon charbon et 0^m,33 de veines de schistes divisées en deux mises.

On peut dire qu'à ce moment la Cie Demandre était maîtresse de la situation et elle n'avait, pour ainsi dire, qu'à laisser faire, sans vouloir forcer les circonstances pour devenir en peu d'années la Société la plus prospère et la plus indépendante qui existât à cette époque.

Malheureusement, les ressources pécuniaires des principaux intéressés s'épuisaient peu à peu pour continuer les travaux et installer le nouveau puits. Au lieu de contracter un emprunt ou de créer des obligations qui eussent été rapidement remboursées, ils eurent l'idée, dans le but de favoriser l'écoulement des charbons de la houillère, de former une nouvelle Société, dans le sein de laquelle ils appelèrent les principaux industriels de l'Alsace.

Plus malheureusement encore cette situation financière fut aggravée par la résolution fatale que prirent les propriétaires sur la proposition de leur ingénieur, M. Schultz, d'installer au puits Saint - Charles une machine d'extraction du nouveau système Méhu, dont une seule application avait été faite à Anzin par son inventeur et qui fonctionnait très-mal.

Cette détermination fut prise le 8 juin 1849. Dans un rapport à cette date, M. Schultz s'exprimait ainsi : « Je propose d'adop- « ter le projet d'exploitation ci-joint, il peut parfaitement être « appliqué à l'exploitation de la partie située en aval du puits « Saint-Charles, au moyen d'un puits incliné dans la couche, « d'une machine souterraine et des moyens d'extraction em- « ployés récemment à Anzin en faisant aboutir le puits incliné « à un nouveau puits vertical plus près de la route royale (puits « Saint-Joseph) et par lequel arriverait l'air frais, lorsque les « travaux auront acquis un grand développement. »

Le 16 juin suivant, les propriétaires, réunis de nouveau, prenaient la délibération suivante :

« Aujourd'hui 16 juin 1849, les sociétaires de la Cie des « houillères de Ronchamp et Champagney, réunis au siége de « leur exploitation, ayant entendu le rapport de M. Schultz, « ingénieur de l'établissement, sont convenus de ce qui suit :

« 1° De placer une machine à vapeur dans les travaux du « puits Saint-Charles pour l'exploitation de la partie de la « couche située en aval du puits.

« 2° D'établir dans ce même puits la machine d'extraction « de M. Méhu, pour donner plus d'importance à l'extraction « et la mettre en rapport avec les besoins actuels.

« 3° De creuser un puits souterrain incliné suivant la « couche, muni de la même machine d'extraction.

« 4° De forer un puits vertical à l'extrémité du puits « incliné cité plus haut pour servir à l'aérage et à l'extraction « de la houille.

« 5° De monter la machine du puits Saint-Louis, d'abord « pour le creusage de ce puits vertical, et plus tard pour « servir à l'épuisement du même puits, quand le dévelop- « pement des travaux nécessitera la mise en place d'une autre « machine d'extraction plus puissante que celle-ci.

« 6° D'acheter le terrain nécessaire à l'établissement du
« nouveau puits.

« Fait et délibéré à la houillère de Ronchamp, ce 16 juin
« 1849.

« *Signé* : Bezanson, Ch. Demandre, Duchon, J. Deman-
» dre. ».

Ainsi le sort en est jeté par ces deux mesures, dont la première n'est que la conséquence de la seconde et ne devient nécessaire que par suite des grandes dépenses qu'allait exiger l'installation au puits Saint-Charles de cette malheureuse machine Méhu, plus communément connue sous le nom de machine à taquets ; la Société houillère de Ronchamp allait introduire dans son sein, par la transformation de la Société, des industriels très-habiles, très-honorables, dont plusieurs d'entre eux avaient une notoriété telle, que leurs avis, même dans les conseils du gouvernement, étaient considérés comme ayant la plus haute valeur; mais dont les intérêts comme industriels ne pouvaient se trouver d'accord avec ceux des mines de Ronchamp.

Je n'en veux pour preuve que ce fait indéniable, c'est que la maison Dolfus-Mieg, malgré sa grande consommation de charbon s'élevant à plus de 15.000 tonnes, avait tout intérêt à délaisser le charbon de Ronchamp, pour utiliser les menus de Saarbruck qu'elle obtenait à très-bas prix. Il en était à peu près de même de la maison Steimback-Kœchlin et de plusieurs autres maisons qui suivaient l'exemple des premières.

Ronchamp était ainsi amené à baisser ses prix sur Mulhouse, sans aucun profit, car la baisse ne pouvait être suffisante pour entraîner les industriels à consommer le charbon de Ronchamp.

Il en est résulté de cette situation anormale que Mulhouse et tous les marchés de l'Alsace qui pouvaient directement être atteints par les charbons de Saarbruck offraient très-peu d'avantages pour le commerce de Ronchamp.

Plus tard, par suite de la création du canal de la Sarre, permettant aux charbons étrangers d'arriver à Mulhouse avec un très-bas frêt de transport, le marché de l'Alsace fut presque fermé à Ronchamp, qui dut étendre ses débouchés du côté de Besançon et jusqu'à Dijon, avec des frais de transport laissant peu de marge à la vente.

Quoi qu'il en soit, et sans vouloir insister davantage pour le moment sur cette question, je voulais montrer que l'intérêt de Ronchamp n'était pas de s'adjoindre les industriels de l'Alsace. Et il eût été facile de faire autrement si on eût été guidé par un conseil plus sage, plus prudent et surtout plus pratique. Mais, hélas ! Callon n'était pas encore entré dans les conseils de Ronchamp.

Période de 1854 à 1864. Le 10 mai 1854, fut passé à Mulhouse pardevant le notaire Claudon, l'acte de la nouvelle Société civile par actions, sous la dénomination de : *Houillères de Ronchamp*. Sa durée fut limitée à 50 ans ; elle doit prendre fin le 1er mai 1904.

L'apport de l'ancienne Société entra dans la nouvelle pour une somme de 2.800.000 francs, et le fonds social fixé à 5.000.000 francs fut divisé en mille actions de 5.000 francs chacune. Sur ces mille actions, 560 furent allouées aux anciens propriétaires pour représenter leur apport de 2.800 000 francs.

C'est peu après la constitution de la nouvelle Société que Callon fut choisi comme ingénieur-conseil.

Fusion de la nouvelle Société de Ronchamp avec celle d'Eboulet. La prospérité croissante de l'ancienne Société devenue acquéreur des houillères de Ronchamp et Champagney en 1842, et les nouvelles découvertes qu'elle ne tarda pas de faire, firent rapidement naître des recherches rivales dont la plus importante, remontant à 1847, fut entreprise par une Société composée en majeure partie de maîtres de forges de la Haute-Saône et à la tête de laquelle se trouvaient MM. de Grammont, Patret, de Pruines et de Buyer. Ils entreprirent d'abord un sondage dit d'Eboulet, établi au hameau de ce nom, et à cinquante-cinq mètres de la limite méridionale de la concession de Ronchamp, sur la ligne de pendage passant par le puits Saint-Charles qui venait de découvrir la première couche.

Ce sondage fut arrêté au mois de mars 1850, à la profondeur de 495 mètres, sans avoir rencontré de couche exploitable.

Néanmoins, il servit de prétexte à la Société rivale pour présenter un mémoire à la date de janvier 1848, en opposition et en ajournement à la demande d'extension de concession que la Cⁱᵉ Demandre avait adressée au Ministre dès le 3 octobre 1845.

De plus, cette même Société concurrente, s'appuyant sur les données plus ou moins vagues que donna ce sondage et sur la nécessité d'éviter un monopole au profit exclusif de Ronchamp pour la vente des charbons aux usines de la Haute-Saône, adressa au préfet, à la date du 18 mars 1851, une demande de concession d'une superficie de 25 kilomètres carrés 67 hectares.

Cette demande eut pour effet de faire ajourner par l'Administration toute solution relative à la demande d'extension de Ronchamp et de mettre la Société des maîtres de forges dans la nécessité de fournir de meilleures preuves à l'appui de la leur. Cette solution, qui paraissait assez rationnelle, eut pour résultat d'entraîner les deux Cⁱᵉˢ dans l'exécution de travaux très-onéreux qui cependant devaient fournir pour la suite de l'exploitation des données très-précieuses.

Si, à cette époque (1852), les deux Cⁱᵉˢ se fussent entendues comme elles le firent donze ans plus tard, de façon à réunir leurs intérêts, il n'est pas douteux que l'on eût pu éviter la plupart des travaux faits et dont la valeur s'est élevée à plus de 1.500.000 francs. Mais alors l'une des deux parties était trop faible pour faire une proposition qui eut chance d'être acceptée, et l'autre, trop puissante, pour daigner tendre la main à sa rivale. Du reste, d'autres raisons plus intimes et personnelles s'opposaient pour le moment à tout rapprochement.

La Cie des maîtres de forges entreprit, le 14 décembre 1851, le puits d'Eboulet, toujours sur la ligne de pendage du puits Saint-Charles, mais à une distance de 360 mètres de la limite méridionale de la concession de Ronchamp.

Le fonçage de ce puits n'allant pas assez vite au gré des intéressés, fut suspendu le 21 septembre 1856, à la profondeur de 232 mètres, et un sondage fut commencé à cette date au fond du puits. Ce sondage découvrit la houille le 19 janvier 1858, à la profondeur de 495 mètres.

Toutefois, cette découverte ne put être officiellement constatée par l'ingénieur des mines. La sonde ayant traversé environ un mètre de charbon, la cuillère ne put en ramener lors de la visite faite par cet agent de l'Etat, le 3 février 1858.

La Cie reprit le fonçage du puits qui arriva à la couche le 1er août 1859, et le 27 du même mois, la constatation officielle en fut faite par l'ingénieur des mines. La couche découverte n'avait que $0^m,81$ d'épaisseur.

De son côté, la Société de Ronchamp ne restait pas inactive.

Dès le 24 juillet 1850, elle commençait le fonçage du puits Saint-Joseph, sur le pendage du puits Saint-Charles et à 668 mètres de ce dernier. Puis après la constitution de la nouvelle Société, disposant de grands capitaux, elle décida le fonçage de 4 autres puits et d'un grand sondage. Trois de ces puits étaient à entreprendre dans la concession, le quatrième et le sondage devaient être pris en dehors, afin de se donner de nouveaux droits à l'extension de concession demandée depuis 1845.

Les quatre puits dont il vient d'être question sont : les puits Sainte-Pauline et Saint-Jean, commencés le 21 mai 1854.

Le puits Sainte-Barbe, commencé le 1er juin 1854, et le puits de l'Espérance, en dehors de la concession, le 16 décembre 1855.

Enfin, le 11 septembre 1856, on attaquait le sondage du pré de la Cloche au Sud-Ouest et en dehors également de la concession.

Ce dernier, foncé par le procédé Kind, n'arriva à la couche que le 23 juillet 1859, à la profondeur de $650^m,10$. Il coûta, à lui seul, la somme de plus de 200.000 fr.

Assurément, les immenses travaux que la Société de Ronchamp venait d'entreprendre étaient au-dessus non de ses moyens, mais au-delà des nécessités de la situation. Elle le comprit bientôt et suspendit indéfiniment le fonçage du puits Saint-Jean, 9 janvier 1856, à la profondeur de $51^m,40$, et celui de l'Espérance à $103^m,40$, 10 juin 1858. Malheureusement, ces puits, entrepris sur une très-grande section rectangulaire (de 5 mètres sur $2^m,50$), comme cela était l'habitude alors, avaient été cuvelés sur une hauteur de 73 mètres $(43 + 34)$ et avaient exigé une dépense s'élevant au moins à 150.000 fr. qui, jointe à celle de 200.000 fr. du sondage du pré de la Cloche, représentait un capital considérable évalué approximativement à 350.000 à peu près improductif.

C'est dans ces conditions, après bien des débats, des mémoires et contre-mémoires de la part des deux Sociétés, que l'Administration des mines, statuant sur les deux demandes, accorda le 4 juin 1862, à la Société de Ronchamp, une rectification et une minime extension de concession au Sud des puits Saint-Joseph et Sainte-Pauline, d'une superficie de 1 kilomètre et demi, et qui formait pour toute la concession une étendue superficielle de 26 kilomètres carrés 50 hectares.

Le même jour, elle accordait à la Société d'Eboulet une concession assez restreinte de 18 kilomètres carrés 53 hectares.

Deux ans plus tard, le 31 juillet 1864, comprenant enfin leurs intérêts réciproques, les deux Sociétés adressèrent au Ministre une demande en autorisation de réunion des deux concessions. Malgré l'opposition formulée par quelques indus-

Période de 1864 à 1875.

triels du Haut-Rhin, cette autorisation fut accordée le 30 mai 1866.

Ces deux exemples de demande de concessions, qui ont exigé 17 ans pour aboutir, montrent quels peuvent être les graves inconvénients, au point de vue des intérêts particuliers, de certaines formalités de la loi de 1810 et des lenteurs administratives.

J'arrêterai là l'aperçu historique des houillères de Ronchamp ; la suite de ce travail montrera par la description des travaux le développement progressif de ces mines jusqu'en 1875 et les modifications qui ont été apportées dans l'Administration dans ces dernières années. Mais avant de quitter ce sujet, je dirai quelques mots des autres Sociétés qui, à l'exemple de celle d'Eboulet, ont exécuté des travaux de recherche sur les confins de la concession de Ronchamp, afin de reconnaître le gîte et acquérir des droits à une concession.

Société de Mourière ou du Culot. A l'Ouest de Ronchamp, au-dessus du hameau de Mourière, il existe quelques affleurements de charbon qui ont donné lieu, depuis fort longtemps, à quelques recherches dans une couche mince très-pyriteuse s'exfoliant à l'air et s'enflammant très-facilement au bout de peu de temps.

Par ordonnance du 22 mars 1844, la concession de ces mines fut accordée au sieur Grézely Narcisse, riche propriétaire de l'endroit, à qui appartenait les verreries de la Saulnaire.

Cette concession fut accordée sous la dénomination de concession de Mourière ; sa superficie, réduite à 6 kilomètres carrés 25 hectares, était située sur les communes de Ronchamp, Malbouhans et Saint-Barthélemy.

L'exploitation très-restreinte, par suite du peu de richesse et de la qualité inférieure des couches, ne prit jamais un grand développement et consistait en quelques galeries dans les affleurements.

Cependant, on fonça un puits dit de la Croix dont la profondeur était d'une centaine de mètres et qui suivit la couche pendant un certain temps dans son pendage inverse de celui de Ronchamp.

Une machine à vapeur, placée à l'orifice, servait à l'extraction et à l'épuisement.

Ces travaux furent suspendus vers 1858, à la suite de la mort de l'ingénieur M. Barbier, qui fut tué par une explosion de poudre dans son bureau.

Cette mine resta à peu près inactive jusqu'en 1872 ; puis sous l'initiative de M. Martelet, banquier à Lure, elle fut rachetée aux anciens propriétaires, et une Société fut constituée pour faire de nouvelles recherches.

Sous la direction de M. de Lanversin, cette Société fonça un puits dans la petite vallée à l'Ouest de la chapelle de Ronchamp et au-delà du petit ruisseau le Régnié, formant la limite de la concession de Ronchamp. Elle entreprit en même temps un grand sondage sur la commune de Malbouhans.

Le puits Saint-Paul, commencé le 1er septembre 1873, à la cote 357,88, au diamètre de 3^m,50, atteint la profondeur de 245 mètres et fut arrêté le 1er mai 1874 sans avoir donné de résultats satisfaisants.

Le sondage de Malbouhans, attaqué le 1er juillet 1874, à la cote 329,12, atteint la profondeur de 389^m,35, et fut arrêté dans le terrain de transition.

La coupe du puits Saint-Paul et du sondage, que je donne PL. XII, ne parut pas indiquer à l'Administration des mines des découvertes suffisantes pour donner des droits à une extension de concession que M. Martelet avait demandée aussi large que possible. On se décida alors à finir par où on aurait dû commencer, afin de marcher du connu à l'inconnu. On reprit le puits de la Croix, afin de faire des recherches en profondeur. Ce puits fut approfondi de 30 mètres en 1876, pour aller recouper par un travers-bancs l'aval-pendage.

Ces travaux, continués encore à ce jour avec une remar-

quable persévérance, pourront bien amener à faire une certaine
production dans la couche dite du Culat; mais, à mon avis,
comme je le montrerai plus loin, ces recherches ne pourront
atteindre un meilleur résultat, qu'en les reportant de beaucoup
au midi ou au sud-ouest, où on aurait des chances de rencontrer, mais à de grandes profondeurs, la formation de Ronchamp.
C'est, je crois, aussi le conseil qu'avait donné M. de Lanversin
à la Société de Mourière avant de la quitter.

**Société
de la
Haute-Saône
et du
Haut-Rhin
pour
la recherche
de la
houille.**

En 1856, il se forma une Société composée de quelques
industriels du Haut-Rhin et de la Haute-Saône, dans le but de
rechercher le prolongement du bassin de Ronchamp à l'Est et
au Sud.

Trois sondages furent entrepris d'après le procédé Kind.

Le premier fut fait à Chaux, au-delà de Belfort, dans le Haut-
Rhin.

D'anciennes recherches par puits avaient déjà été exécutées
avant 1856, près de là à Roppe, par M. Carandal, fabricant de
chaux et ciment, sur les indications de M. Lebleu, ingénieur
des mines, qui, d'après l'étude géologique de la contrée, avait
admis le relèvement du terrain houiller. Ce terrain fut, en
effet, rencontré, mais soit que l'on se fût placé trop près des
terrains anciens, soit que la formation houillère fût stérile,
ce puits, foncé jusqu'au-delà de 300 mètres, ne donna aucun
résultat utile.

Le sondage de Chaux, dont la profondeur fut de 225 mètres,
ne fut pas plus heureux.

Un deuxième sondage fut entrepris par la même Société, de
1856 à 1858, au lieu dit la Châtelaie, au Sud-Est de la concession de Ronchamp.

Il atteignit la profondeur de 593^m,30, traversa une grande
épaisseur de grès rouge et pénétra dans le terrain houiller.
La faible couche de charbon qu'il dut traverser, comme l'in-
diqua plus tard le puits Saint-Georges, foncé par Ronchamp, ne
permit pas d'en faire la constatation officielle.

Enfin, un troisième et dernier sondage fut commencé le 19 février 1857, par la même Société sur la commune de Clairegoutte, au Midi, et à une grande distance de la concession de Ronchamp.

L'installation de ce sondage avait été faite pour aller à une profondeur de 7 à 800 mètres qu'il eut de beaucoup dépassée s'il n'avait été arrêté le 21 décembre de la même année, à la profondeur de 258^m,56 en pleine formation de grès rouge. Son diamètre initial était de 0^m,42 et il avait encore 0,38 à 258 mètres.

Ces trois sondages, dont la dépense s'éleva à 199.474^f,81, ayant absorbé les ressources de la Société, on suspendit les travaux et l'on revendit le matériel.

Pour ne rien omettre des diverses recherches qui ont été faites dans le but de retrouver le prolongement du bassin de Ronchamp, je citerai encore le sondage qui a été fait de 1870 à 1874, sur la commune de Frahier.

Sondage de Frahier.

Il a été entrepris par des industriels de Nancy, qui, sur des indications assez vagues données par M. Richard, ancien maître sondeur, et à la suite de quelques explorations superficielles faites au pied du Salbert, formèrent un capital de 200.000 fr. pour faire ces recherches.

Le sondage fut exécuté dans une petite vallée au S.-O. du village de Frahier, un peu avant d'arriver à ce village et à droite de la route de Paris à Mulhouse.

Il fut arrêté en mai 1874, à la profondeur de 573 mètres.

Il fut suspendu pendant près de 18 mois, de fin 1870 à 1872, pendant la guerre. A la profondeur de 420 mètres, d'après un échantillon qui me fut communiqué, il paraissait déjà être entré dans le terrain de transition.

Enfin, je ne citerai que pour mémoire les recherches faites à une époque indéterminée dans les schistes de transition, à Ternuay et à Cheucbier, dans une petite couche d'anthracite dont parle M. Thirria, dans sa Statistique géologique départe-

mentale de la Haute-Saône, p. 355 : « Il existe, dit-il, à
« Chenebier et à Ternuay (ainsi qu'à Fresse), dans une
« grauwacke à grains fius, subordonnée au schiste de tran-
« sition, une couche de schiste bitumineux renfermant des
« plaquettes et des nids d'anthracite, combustible qui a de la
« ressemblance avec la houille, mais qui en diffère par la
« difficulté qu'on a à la faire brûler et par l'absence, quand il
« est en ignition de l'odeur et de la fumée que donne la
« houille. Cette couche anthraciteuse est puissante de 2 mètres
« à Chenebier et d'un mètre environ à Ternuay. On y trouve
« un assez grand nombre de petites impressions végétales
« peu distinctes, mais qui paraissent appartenir au genre cala-
« mites. »

De cet ensemble de recherches infructueuses faites sur tout
le pourtour de la concession de Ronchamp, on peut conclure
déjà que ce bassin est très-limité, aussi bien à l'Est qu'à l'Ouest,
et que les travaux les plus récents faits au Sud dans le prolongement du pendage des couches sont les seuls qui puissent
jouir de quelque avenir.

Nous verrons plus loin, en parlant de la nature et de l'origine
du bassin, jusqu'à quel point on peut compter sur cet avenir,
et si l'on doit espérer voir le terrain houiller se relever au
Midi pour former l'autre versant du bassin.

Etude géologique.

Afin de mieux saisir la succession des différents terrains qui
composent le bassin de Ronchamp, tout en empruntant les
données fournies par la carte de M. Thirria, je me suis servi
de la carte dressée par les agents-voyers de la Haute-Saône
à une échelle de $\frac{1}{40\,000}$, soit près de 10 fois plus grande que
la première qui n'est qu'à l'échelle très-réduite de $\frac{1}{380\,000}$.
J'ai pu ainsi préciser davantage la démarcation des terrains,

particulièrement pour ceux qui avoisinent Ronchamp (Pl. IX).

Les houillères de Ronchamp sont situées dans une vallée assez large dirigée à peu près de l'Est à l'Ouest et arrosée par un cours d'eau de peu d'importance, la rivière le Rahin, qui prend sa source, à Plancher-les-Mines, au pied du Ballon d'Alsace et qui va se jeter dans l'Ognon, à Lure.

Cette vallée, d'abord étroite un peu au-dessus de Champagney, resserrée à gauche entre les escarpements des terrains de transition, s'adossant eux-mêmes aux premiers mamelons des Vosges, et à droite entre des protubérances de grès rouge, s'élargit peu à peu en se dirigeant sur Lure, où elle se termine au confluent de la vallée de l'Ognon, qui prend sa source au ballon de Servance.

Elle est sillonnée d'abord par la grande route nationale de Paris à Bâle, sur laquelle s'embranche le chemin de grande communication de Ronchamp à Belfort, puis par le chemin de fer de Paris à Mulhouse, qui a des stations à Ronchamp et à Champagney, et une gare spéciale pour les charbons se rac- cordant avec la gare de Ronchamp et sur laquelle viennent converger les deux embranchements qui relient les différents puits.

C'est en face de cette gare que s'ouvre la petite vallée de la houillère où sont groupés le plus grand nombre de logements d'ouvriers, ainsi que la résidence du directeur et celles des ingénieurs.

C'est au sommet de cette petite vallée transversale que sont situés les principaux affleurements des couches, et c'est là qu'ont eu lieu les plus anciens travaux.

A la suite de l'acquisition de la houillère par la Société Ch. Demandre, Bezanson et Cie, les travaux s'étant reportés au Midi, les ouvriers construisirent peu à peu des habitations dans la vallée, et la Cie elle-même établit plusieurs cités ouvrières, l'une à la houillère même et les autres à proximité du puits Sainte-Pauline, sur la route de Paris à Bâle, et la dernière à quelque distance du puits Saint-Charles, sur le chemin qui va de la houillère à Ronchamp.

La largeur de la vallée à Ronchamp est environ de 1.200 mètres, et son altitude, par rapport au niveau de la mer, est de 345 à 346 mètres. La cote du rail de la ligne de l'Est, en face de la houillère, est de 371 et la voie monte avec une rampe de $6^m/^m$ par mètre pour franchir par un tunnel de 1.200 mètres le relèvement du terrain de transition qui se dirige de Chenebier à Plancher-Bas.

Cette situation topographique oblige à relever les orifices de tous les puits qui sont dans la plaine et qui, malgré cela, sont à 11 ou 12 mètres environ en contre-bas de la grande ligne. Le chemin de l'Est, en prenant pour la gare aux charbons la cote (359), a diminué d'autant la hauteur à racheter. On a dû néanmoins, pour l'embranchement reliant les puits Saint-Charles et Saint-Joseph, et plus tard les puits du Chanois et du Magny, avoir des rampes de 12 à $13^m/^m$.

Ces conditions eussent été bien meilleures au point de vue de l'évacuation des charbons, si au lieu de se tenir à une hauteur de 25 mètres au-dessus de la plaine, le chemin de fer eût suivi depuis Lure à peu près le niveau de la vallée.

Mais des considérations locales, et particulièrement la nécessité d'atteindre sans de trop fortes rampes le point obligé de l'ouverture du tunnel de Noirmouchot qui ne se trouve qu'à quelques mètres au-dessus de la rivière, ont fait donner la préférence au projet actuel.

Etude des terrains. Si l'on examine la carte géologique, Pl. IX, et la coupe d'ensemble, Pl. XI, qui accompagnent ce mémoire, on voit d'une part que le terrain houiller s'appuie au Nord sur les schistes de transition qui forment les derniers contreforts du massif des Vosges, et que lui-même est recouvert par la puissante formation des grès rouges (*New red Sandstone*, des Anglais). Viennent ensuite les assises du grès des Vosges et du grès bigarré.

Dans la vallée est un dépôt d'alluvion dont l'épaisseur varie de 6 à 8 mètres, composé de gravier et de cailloux roulés très-perméables à l'eau et qui, à cause de cette circonstance, offre une grande difficulté au fonçage des puits qui s'y trouvent situés.

Comme cela paraît naturel, je commencerai l'étude des terrains suivant l'ordre de superposition, c'est-à-dire par les plus anciens, en indiquant pour chacun d'eux les mouvements qui leur ont donné naissance en modifiant la conformation du sol, leur influence sur l'allure des couches de combustible, leur composition et les diverses natures des roches qui les caractérisent.

Terrain de transition.

En 1827, et plus tard en 1838, époque où Dufrénoy et Elie de Beaumont parcoururent les Vosges et visitèrent les mines de Ronchamp, recueillant les immenses matériaux qui leur servirent à édifier la Carte géologique de la France, les mines de Ronchamp étaient peu développées, et tous les travaux étaient encore concentrés proche des affleurements. Considérations générales.

Ces éminents géologues ne pouvaient supposer alors l'avenir que ce bassin pouvait avoir, aussi l'assimilèrent-ils aux différents petits bassins circonscrits dans les Vosges et le classèrent-ils parmi les dépôts houillers les plus récents ou de formation lacustre (1).

Ils considéraient le bassin houiller de Ronchamp comme le plus riche des nombreux petits dépôts des Vosges, mais ils ne lui attribuaient que 28 à 32 mètres de puissance.

Quoique dans la pensée des auteurs, il pût y avoir une certaine connexion entre les divers dépôts houillers et même avec celui de Saarbruck, dont le prolongement sous le territoire français était prévu par eux, ils ne leur reconnaissaient aucune similitude de formation ni d'époque avec les grands bassins du Nord de la France, de la Belgique et de l'Angleterre.

----

(1) Dufrenoy et Elie de Beaumont. — *Explication de la carte géologique de la France*, t. I. Bassin de Ronchamp.

Pour eux, les premiers dépôts étaient le produit des nombreuses forêts du continent de l'époque, entraînées dans les bas fonds par les cours d'eau ou de tourbières ensevelies dans des assises de vase offrant par conséquent le caractère de dépôts opérés dans des bassins circonscrits, tandis que les derniers dépôts avaient dû être formés dans une vaste mer.

Depuis, les nouvelles découvertes faites ont élargi le champ des observations et ont permis de ranger le bassin houiller de Ronchamp, sinon parmi les bassins anciens du Nord de l'Angleterre, du moins de lui donner l'importance qu'il doit avoir et de l'assimiler comme dépôt à ceux de la Moselle et de la Sarre.

Si l'on considère l'ensemble de tout le massif des Vosges s'étendant de Belfort vers Saverne et que l'on réunisse par la pensée les sommets les plus élevés, on obtient deux lignes à peu près droites et d'équerre l'une sur l'autre, dont l'intersection serait au ballon de Giromagny et dont l'ensemble aurait la forme d'un T renversé.

La branche inférieure passerait par les ballons de Giromagny et de Servance, pour aboutir vers Plombières ; la seconde, formant la branche principale du T partant du ballon d'Alsace, passerait par le ballon de Guebwiller et les plus hautes sommités des Vosges, pour finir près de Saverne.

Ces deux branches des Vosges, d'après les idées reçues, sont les représentants de deux soulèvements distincts ; le dernier qui est le plus ancien par date géologique, est celui des bords du Rhin dont il détermine le cours septentrional ; le second est, à proprement parler, le soulèvement des ballons. Il donne naissance aux vallées de la Moselle et de la Moselotte du côté de l'Ouest et à plusieurs autres vallées parallèles entre elles, du côté de l'Est, telles que celles de Massevaux et de Saint-Amarin.

Le grand soulèvement parallèle au Rhin se prolonge au Midi et au-delà du ballon de Giromagny, par un appendice considérable qui forme le massif de la Planche des Belles-Filles, appartenant au terrain de transition.

La belle carte en relief, construite par M. Burgi à l'échelle de la carte de l'état-major, sous les auspices de la Société industrielle de Mulhouse, donne une idée très-nette des deux soulèvements des Vosges, et indique clairement le parallélisme des vallées résultant du soulèvement des ballons.

A mesure que l'on s'éloigne de l'origine des soulèvements, on voit les effets diminuer d'intensité, les montagnes sont moins élevées et deviennent, à une grande distance, de simples ondulations.

Soulèvements qui affectent les couches de houille.

On doit donc s'attendre à rencontrer, dans les formations des terrains sédimentaires, directement en contact avec le granit, tels que le terrain de transition, le terrain houiller et même le terrain permien, des protubérances plus ou moins accentuées suivant leur degré d'éloignement et résultant des premières commotions. Il en résultera deux séries de soulèvements secondaires ou plutôt des mamelonnements du terrain de transition qui devront affecter le dépôt houiller.

C'est ainsi que, parallèlement à la direction du soulèvement des ballons E. 15° S., qui est aussi sensiblement celle des couches de charbon, on a rencontré dans l'exploitation plusieurs ondulations du terrain de transition qui interrompent le dépôt des couches et rendent stériles de très-grands espaces.

1re série de soulèvements.

C'est la présence de la première de ces ondulations qui est aussi la plus forte qui fit croire à la fin du dépôt houiller et amena la cessation des travaux en 1842 et la vente de la houillère.

Depuis la reconnaissance du soulèvement septentrional, ou grand soulèvement comme on le désignait alors, la suite de l'exploitation en a reconnu deux autres : le premier passe un peu au Midi du puits Saint-Joseph et le second relève toute la formation au puits d'Eboulet.

Les directions, sensiblement parallèles de ces trois relèvements du terrain de transition sont indiquées par les lignes de crêtes MN. OP. RS., sur le plan des travaux, Pl. X.

Direction et allure de ces soulèvements.

On voit sur le même plan, si l'on marche de l'Ouest à l'Est, que ces relèvements du terrain de transition, qui ne sont d'abord qu'une simple cassure au point de cisaillement, vont en s'élargissant peu à peu et arrivent à prendre un très-grand développement ou empatement dont il est difficile de tracer le sommet.

C'est ainsi que le premier accident, qui a sa naissance un peu à l'Ouest du puits n° 7, passe au Nord de ce puits où il a été franchi entre les puits n°° 6 et 7 par une galerie très-inclinée, conservant sur toute sa longueur une mise de charbon nerveux de $0^m,80$ à 1 mètre d'épaisseur, et puis il s'élargit en se dirigeant à l'Est et atteint, au Sud du puits Saint-Louis, une largeur de 300 mètres. Plus à l'Est encore, entre le puits n° 2 et les travaux du puits Sainte-Barbe, la portion relevée a plus d'un kilomètre de large, et sa stérilité, ainsi que la présence du terrain de transition, a été reconnue par le puits n° 1, le sondage X de la plaine, les travaux à l'Est du puits Sainte-Barbe, le puits n° 5, et enfin, en dernier lieu, par le sondage sous les Chênes, à Champagney. La surface, rendue stérile par cet immense accident, peut être évaluée à près de 2 kilomètres carrés et représente plus de 2 millions de tonnes enlevés à l'exploitation.

Le second accident dont le sommet est indiqué par la ligne OP ne présente qu'une faible dénivellation au Midi du puits Saint-Joseph où cependant il relève la deuxième couche au niveau de la première et la fait disparaître plus à l'Est.

Mais bientôt son importance grandit et il affecte tout le système au Sud du puits Sainte-Pauline. Le puits Saint-Georges, qui par sa situation n'aurait dû rencontrer la couche que vers 590 mètres, l'a trouvée à 447 mètres, relevée de 143 mètres.

Enfin, le troisième accident du même genre passe au puits d'Eboulet, limite ses travaux au Sud et à l'Est, et relève tout le terrain de près de 100 mètres. En effet, ce puits rencontre la couche vers 495 mètres, tandis que le puits Saint-Joseph, qui se trouve à 700 mètres sur l'amont-pendage, la rencontre à 441 mètres. En admettant une pente moyenne de 23° par mètre, le puits d'Eboulet, sans l'accident, n'eût dû la rencontrer qu'au-delà de 600 mètres.

La région rendue stérile par les deux derniers accidents représente une surface également considérable dont la limite à l'Est reste indéterminée, mais on peut l'évaluer, au bas mot, à plus d'un kilomètre carré; elle enlève à l'exploitation plus d'un million de tonnes.

Malheureusement, le bassin de Ronchamp n'a pas été affecté seulement par les accidents dont je viens de parler, comme je l'a déjà dit, on rencontre encore un second système de relèvement parallèle au soulèvement du Rhin et dont la ligne de faîte, dirigée N. 21° E., suit les sommets de la Planche des Belles-Filles et se montre à Chènebier et au Noirmouchot, en relevant au jour le terrain de transition. 2me série de soulèvements.

La ligne G H indique d'une manière générale, sur la carte géologique Pl. IX, la direction de ce soulèvement au moins aussi considérable que le premier et dont l'effet, sur le relèvement du terrain houiller a été non moins désastreux. La ligne T V du plan des travaux, Pl. X, représente assez bien le passage d'un de ces accidents, du reste le seul connu, qui puisse se rapporter à cette seconde série.

Il interrompt au Nord les anciens travaux entre le puits n° 1 et la série des puits n°s 2, 3 et 4; il relève et atrophie la couche au puits Sainte-Barbe par un pointement dioritique, forme une selle très-marquée entre les travaux des puits Sainte-Pauline et Saint-Joseph, et enfin, au Midi, il relève l'ensemble des terrains en formant un vaste empatement stérile par son croisement avec les soulèvements O P et R S du premier système. On remarque également que c'est à son point de croisement, avec le soulèvement M N, que correspond aussi la protubérance la plus élevée et la plus étendue qui amène le terrain de transition à 45 mètres du jour, comme l'ont indiqué le puits n° 5 et le sondage X.

On peut dire qu'il s'est passé, dans ces divers points de croisement de ces deux systèmes d'ondulations, ce qui a eu lieu sur une échelle infiniment plus large aux points de rencontre des soulèvements principaux, en donnant naissance aux plus hautes sommités, telles que le ballon d'Alsace, le ballon de Guebwiller, le Bärenkopf, etc.

Sans vouloir étendre davantage cette assimilation des accidents que les travaux ont mis à jour, avec les deux grands soulèvements des Vosges, on peut déjà se rendre compte, par ce qui vient d'être dit, comment le bassin houiller se trouve limité du côté de l'Est et combien il serait inutile de faire de nouvelles recherches dans cette direction. Ces accidents, d'une origine particulière, montrent également qu'on aurait tort de les assimiler à d'autres accidents qui se présentent dans divers bassins houillers et qui ont pour effet non de faire disparaître les couches ou de les étirer suivant la forme des ondulations ; mais bien de les relever ou de les abaisser brusquement, suivant des plans déterminés et souvent à des distances considérables.

La PL. XIII, qui donne quelques détails des relèvements dont il vient d'être parlé, indique parfaitement la différence que l'on doit faire entre ces soulèvements et diverses dispositions de failles dont le bassin de Blanzy offre plusieurs exemples. J'aurai, du reste, occasion de revenir sur ce sujet en parlant du terrain houiller.

Contact du terrain de transition avec le terrain houiller. Les argilolithes du terrain de transition, comme on les désigne à Ronchamp, qui forment la base du dépôt houiller, ont été reconnues en un grand nombre de points du bassin, dans les fonçages de sondage et de puits dont les puisards sont presque tous dans les schistes de transition, dans l'approfondissement de certains puits et l'exécution de travers-bancs, enfin au jour, les collines qui dominent la houillère appartiennent, comme la carte l'indique, au terrain de transition.

Comme M. Thirria le dit dans sa Statistique de la Haute-Saône : « il est distinctement stratifié, mais avec des ondulations et contournements. Ses couleurs sont le bleu noirâtre, le bleu verdâtre ou le gris rougeâtre. Il est traversé fréquemment par de nombreuses veines de quartz. »

Les différentes variétés sont toutes onctueuses au toucher et ont un aspect soyeux. Il se divise difficilement en feuillets minces, et ces feuillets s'altèrent promptement quand ils sont exposés à l'air et tombent en poussière.

Sa direction est sensiblement de l'Est à l'Ouest en plongeant au Sud, sous un angle assez élevé et toujours supérieur à celui des bancs du terrain houiller.

Il est parfois mélangé à de la silice et forme des bancs durs et compacts à composition assez homogène, qui donnent en les rayant une poussière légèrement rougeâtre à cause de l'oxyde de fer qu'ils contiennent.

Les bancs que l'on rencontre sur la route de Champagney à Plancher, au lieu dit le château de Passavant, appartiennent à cette catégorie de terrain de transition. Le fond du sondage, exécuté au Sud de Champagney, au lieu dit Sous les Chênes, a trouvé le même terrain après avoir traversé des schistes de transition.

Enfin, le travers-bancs d'Eboulet à l'étage du fond a rencontré de nombreuses variétés de terrain de transition, depuis les schistes tendres jusqu'aux roches siliceuses les plus dures.

En général, les caractères minéralogiques de ce terrain sont assez tranchés pour ne pas s'y tromper. Cependant, les divers aspects sous lesquels il se présente sont assez dissemblables pour qu'il soit important de les signaler, car plus d'une fois sa ressemblance avec les schistes houillers a donné lieu à des méprises grossières et à des recherches coûteuses et infructueuses de combustible dans les schistes de transition.

Les assises supérieures, telles qu'on les observe au-dessus de la Houillère sur les pentes du Mont-Chauveau se composent d'un conglomérat très-compact formé de noyaux allongés et arrondis, d'argile verdâtre et de morceaux plus anguleux de schiste noyés dans une pâte argileuse grise, à poussière blanche.

On y trouve également des noyaux de quartz laiteux. Il est difficile de distinguer dans la masse un sens de stratification; mais à mesure que l'on s'enfonce, les caractères deviennent plus précis, les noyaux renfermés dans la masse disparaissent peu à peu, la stratification devient plus apparente; la roche passe au schiste le plus souvent à faces contournées, renfermant encore des nodules de quartz, quelques fois des filons de la même substance traversant la masse dans tous les sens.

Ces filons sont parfois remplis de sulfate de baryte parfaitement pur et de petits cristaux de pyrite de fer.

C'est ce passage de schiste de transition qui a le plus de ressemblance avec le schiste houiller par sa couleur et sa structure. Cependant, si on prend le soin de pulvériser une parcelle de ce terrain est de comparer la poussière à celle des véritables schistes houillers, il n'est plus permis de se tromper, cette dernière est toujours plus ou moins grise, tandis que la première est blanche. Si l'on continue à s'enfoncer dans le terrain de transition, l'aspect change encore et l'on passe entièrement aux schistes ardoisiers, offrant de grandes masses se délitant facilement en plaques plus ou moins épaisses, qui servent dans le pays à recouvrir le toit des maisons.

On le trouve sous cet aspect au village de Plancher-Bas, où on l'a exploité autrefois pour cet usage et où il existe de grandes carrières au-dessus de la papeterie de M. Desloye.

On le rencontre encore sous cette forme au tunnel de Noirmouchot et au-delà, plus au Midi, vers Chènebier.

C'est dans ces couches schisteuses que l'on a ouvert à différentes époques des galeries pour les recherches du combustible dont il a été déjà question.

M. Thirria signale cette roche « comme faisant partie du   Diorite.
« terrain de transition et composée d'amphibole hornblende
« et de feldspath compact. Elle est généralement verdâtre, a
« une cassure grenue et renferme fréquemment des lamelles
« de mica. Souvent son tissu est plus serré, sa cassure ter-
« reuse, et alors elle passe à une sorte de grauwacke à grains
« fins. Nous l'avons observée en massifs ou amas, dans la
« partie inférieure du schiste de transition à Mourière, à
« Champagney, à la Vaivre et à Plancher-les-Mines. »

Nous avons eu occasion d'examiner cette roche d'une manière toute particulière dans le fonçage du puits Sainte-Barbe,
dont la coupe de détail, Pl. XIII, Fig. 4, indique la nature et
la superposition des bancs traversés. La diorite forme en ce
point un mamelonnement qui arrive au contact de la houille
même en altérant sa puissance et sa qualité.

Ses caractères physiques sont les suivants : dureté excep-
tionnelle contre laquelle s'émoussaient les meilleurs outils en
acier fondu et qui a nécessité l'emploi du pyroxyle, matière
explosive la plus puissante connue à cette époque pour l'en-
tailler. Malgré cela, l'avancement d'une galerie dans cette
roche ne dépassait pas 3 mètres par mois et était payé 150 fr.
le mètre. Sa couleur était vert foncé, avec des teintes d'un
rouge brun par place, cassure esquilleuse, comme toutes les
roches très-siliceuses ; elle possédait un assez grand degré de
sonorité et ne s'altérait aucunement au contact des agents
atmosphériques.

Le travers-bancs pris au puits Sainte-Barbe à la profondeur
de 317^m,32 a traversé cette protubérance dioritique sur une
épaisseur de 75 à 80 mètres. Au-delà il est entré dans une
roche siliceuse, sorte de pétrosilex, non moins dure, qui fait
le passage entre la diorite et le terrain de transition, avant de
rentrer dans le terrain houiller.

D'après l'appréciation donnée ci-dessus, par M. Thirria, des
caractères distinctifs de cette roche, on devait la ranger dans

l'espèce dioritique, et, d'après lui, on l'a toujours désignée sous le nom peut-être trop caractéristique de diorite.

En effet, si on l'examine de plus près, il est nécessaire d'un fort grossissement pour apercevoir les éléments distinctifs qui restent même confus. D'après l'ouvrage de M. Burat sur la minéralogie, et d'après M. Thirria lui-même, page 383, nous voyons que lorsque les roches dioritiques ne présentent pas des éléments constituants distincts et associés par une texture granitoïde, elles se rapprochent plutôt des trapps que de la diorite. C'est, ajoute M. Burat, assez le caractère des masses dioritiques des Vosges que l'on peut désigner sous la dénomination de diorite compacte, comme étant une altération du type primitif. Nous pensons donc que c'est à tort que la roche rencontrée au puits Sainte-Barbe a été appelée diorite et que ce sont plutôt des masses dioritiques d'origine ignée, comme l'indique M. Thirria, qui se sont épanchées peu après le dépôt du terrain de transition et qui se lient intimement avec lui par une sorte de passage au point de contact.

Disposition générale du terrain de transition. Si l'on suit sur la carte la disposition du terrain de transition sur les bords du bassin, on voit qu'elle affecte une courbe dont le grand axe MN, Pl. IX, serait dirigé sensiblement E. 40° N. et plongerait au S.-O.

C'est en quelque sorte une grande anse dont le sommet se trouverait vers Passavant au point d'intersection du Rahin, avec le chemin de Ronchamp à Plancher-Bas, dont le fond aurait suivant cet axe une inclinaison qui ne dépasserait pas $^1/_{10}$, comme l'indiquent les sondages effectués dans la plaine de Champagney et par les différents puits d'exploitation où il a été rencontré. Suivant l'autre axe de la courbe, cette inclinaison serait beaucoup plus forte et atteindrait environ 30 p. %.

Si l'on admet, comme tout semble le prouver, que le dépôt houiller s'est effectué sur place à l'intérieur de cet anse ou golfe en faisant abstraction des modifications que sa surface a pu subir pendant ou postérieurement au dépôt houiller, on peut déjà tirer cette conclusion : 1° que toutes les recherches faites en dehors de la courbe dont il a été parlé et qui n'est autre que le bord du bassin, ne peuvent fournir des résultats utiles ; 2° au contraire que les sondages opérés à l'intérieur et par conséquent au S.-O. peuvent seuls offrir des chances de réussite.

Le sondage de Clairegoutte, commencé dans cette direction par la Société de la Haute-Saône et du Haut-Rhin, avait donc toute chance de rencontrer le prolongement des couches de houille ; mais, comme nous le verrons plus loin, il eût fallu le pousser à une profondeur de 1.200 mètres environ.

Ainsi que nous l'avons déjà fait remarquer, l'inclinaison des bancs du terrain de transition, sur lesquels reposent les premières assises du terrain houiller, est plus forte que celle de ces dernières et leur direction est un peu plus au Nord-Ouest. *Discordance du terrain de transition et du terrain houiller.*

Il y a donc discordance de stratification entre les deux formations et il ne peut y avoir de doute à cet égard.

M. Thirria, dans l'ouvrage déjà cité, l'indique d'une manière catégorique.

Ce ne peut donc être que par erreur que le savant géologue Kœchlin-Schlumberge, qui a visité Ronchamp, en 1861, indique dans son bel ouvrage sur les terrains de transition des Vosges, comme le tenant de moi, qu'il y a concordance entre les deux terrains.

Ce géologue distingué a dû faire une confusion entre la concordance qui est palpable entre le terrain houiller et le grès rouge, mais non entre le terrain houiller et le terrain de transition.

Ce calcaire, qui existe à Chagey, à deux kilomètres environ de Chénebier, où il a donné lieu à une exploitation comme pierre à chaux, n'a jusqu'à présent été rencontré nulle part dans le terrain de transition reconnu par les travaux. M. Thirria en donne une description détaillée dans son ouvrage. *Calcaire du terrain de transition.*

Fossiles.

Les strates du terrain de transition des environs de Ronchamp ne renferment que de très-rares fossiles, il ne m'a jamais été donné d'en rencontrer de très-nets et bien caractérisés.

M. Thirria cite des empreintes de strophomènes dans les schistes de Chénebier et des lamelles de crinoïdes dans le calcaire de Chagey.

M. Fournet, dans son *Traité de l'extension des terrains houillers en France*, indique un très-beau gîte de fossiles découvert par M. Jourdan, aux environs de Plancher-les-Mines, dans les schistes de transition qu'il range dans le terrain carbonifère inférieur.

Terrain houiller.

Affleurements.

Si l'on se dirige de Champagney à Ronchamp en passant par le chemin qui longe le flanc de la montagne et traverse les bois de Champagney et de Ronchamp, on commence à apercevoir les affleurements du terrain houiller, un peu au-dessus du hameau de la Bouverie, où ils forment une bande assez étroite le long de laquelle les couches arrivent au jour et ont donné lieu de tout temps à des grappillages à ciel ouvert ou par galeries de faibles longueurs.

On les suit ensuite le long du sentier à travers bois qui aboutit au chemin d'Orière et La Selle, puis on les voit près de l'ancien chemin dans le bois de l'Etançon jusqu'à Mourière et un peu au-delà, où plusieurs petites couches ont donné lieu à l'exploitation du Culot.

Il se fait en ce point une rentrée du terrain de transition, sur lequel vient s'appuyer directement le grès des Vosges.

Les affleurements du terrain houiller s'étendent donc de l'Est à l'Ouest, sur une longueur de cinq kilomètres. Sur cette étendue, les couches de charbon arrivent au jour en divers points au Culot, à Mourière, dans le bois de l'Etançon et enfin dans le bois de Champagney au-dessus de la Bouverie ; il n'est donc pas surprenant, comme nous l'avons déjà dit, que l'usage de ce combustible minéral se soit répandu depuis bien avant ce siècle, dans le pays et même au loin.

La puissance du terrain houiller varie beaucoup, suivant que l'on prend une coupe à tel ou tel point de pendage.

Puissance du terrain houiller.

Dufrénoy et Elie de Beaumont qui, en 1827, n'avaient pu faire leurs observations que dans les puits les plus rapprochés des affleurements, indiquent que l'épaisseur de ce terrain varie de 28 à 32 mètres.

Un peu plus tard, vers 1830, M. Thirria dit, page 377 : « Sa puissance n'excède pas 28 à 32 mètres, » et plus loin, page 347, cet ingénieur estime à 30^m,70 l'épaisseur de terrain houiller traversé par les puits n°s 3 et 4, qui se trouvaient très-près des affleurements.

En effet, si l'on ne considère l'épaisseur de ce terrain que suivant une ligne en direction assez peu éloignée des affleurements, on voit par les coupes des anciens puits n°s 3 et 4, des puits du Chevanel et puits Samson, que cette épaisseur ne s'éloigne pas beaucoup de celle indiquée par les auteurs cités ; mais si l'on prend une autre ligne plus avancée sur le pendage et passant approximativement par les puits n° 1 Saint-Louis et puits n° 7, on trouve que cette épaisseur s'est déjà accrue et se rapproche de 45 mètres.

Si l'on trace une troisième ligne passant par les puits Saint-Charles et Sainte-Marie, elle augmente encore et s'élève à 90 mètres ; au puits Saint-Joseph elle atteint 102 mètres, et enfin au puits du Maguy, qui est le point observé le plus éloigné dans l'aval-pendage, l'épaisseur du terrain houiller s'élève à 130 mètres.

Sur une distance en ligne droite de 3.300 mètres, l'épaisseur du terrain houiller a donc augmenté de près de 100 mètres. Mais si l'on fait abstraction de la portion de la formation houillère renfermant les couches de charbon et que l'on établisse la même comparaison dans les différentes épaisseurs

du terrain houiller situées au-dessus des couches, on trouve
que :

Au puits n° 1, cette épaisseur est de 16ᵐ
 Id. Saint-Louis, id. id. . . . . . 20 à 25ᵐ
 Id. Saint-Charles, id. id. 47ᵐ,50
 Id. Saint-Joseph, id. id. 93ᵐ,20
 Id. du Magny, id. id. 120ᵐ

Ce qui prouve que la surépaisseur de la formation houillère
observée en profondeur provient en totalité de l'accroissement
de la partie stérile située au toit des couches.

On peut même affirmer, d'après les coupes des différents
puits et sondages, ainsi que d'après la coupe d'ensemble du
bassin, que la portion qui comprend les couches de charbon
suit une marche inverse, mais beaucoup moins accentuée
depuis les affleurements jusqu'au point le plus profond.

Cette épaisseur productive comprise entre le toit de la première couche, jusqu'au terrain de transition, était, d'après une
coupe donnée par M. Thirria des puits nᵒˢ 3 et 4, et d'après les
registres de l'époque, de 20ᵐ,90. Au puits Saint-Louis, elle
paraît atteindre 25 mètres ; au puits Saint-Charles, elle est de
46ᵐ,70 ; au puits Saint-Joseph, l'épaisseur du terrain productif n'est que de 7 mètres, par suite de la proximité du
soulèvement qui passe près de là et qui fait disparaître la
deuxième couche. Mais un peu plus au couchant, au-delà du
soulèvement, l'épaisseur normale se retrouve et atteint approximativement 40 mètres.

Enfin, au puits du Magny, cette épaisseur diminue de nouveau et n'est plus que d'une dizaine de mètres. Il semblerait
donc, d'après ces indications, que l'épaisseur du terrain
houiller, suivant une même ligne de pendage, irait d'abord en
augmentant depuis les affleurements jusqu'à un certain point
compris entre les puits Saint-Charles et Saint-Joseph, pour
diminuer lentement ensuite, jusqu'au puits du Magny. Toutefois, il n'est pas encore prouvé que ce dernier puits n'ait pas

été influencé par un accident qui aurait réduit l'épaisseur du dépôt, ainsi que cela a eu lieu aux puits Saint-Joseph, Eboulet, Saint-Georges et ailleurs.

En résumé, on peut donc conclure de ce qui précède que le dépôt houiller productif, abstraction faite des accidents locaux, a peu varié d'épaisseur depuis les affleurements jusqu'aux plus grandes profondeurs connues ; mais que si l'on considère l'ensemble de toute la formation houillère, toujours suivant une même ligne de pendage, son épaisseur va sans cesse croissant avec la profondeur.

M. Thirria, dans son ouvrage, page 338, indique que le terrain houiller s'incline au S.-O. avec une pente de 20°.

Inclinaison du terrain houiller.

Dans le grand plan incliné du puits Saint-Charles, la pente varie de 16 à 18°,34, soit en moyenne de 17°, ce qui correspond à 0^m,29 par mètre.

La pente moyenne déduite de la coupe d'ensemble du bassin, passant par le puits du Magny, serait inférieure au chiffre ci-dessus et ne dépasserait pas 0^m,21.

Cet adoucissement dans la pente des terrains, en s'enfonçant en profondeur, semble-t-il présager le relèvement du bassin ? Rien ne peut encore le prouver et, malgré les indications fournies par le puits Saint-Georges, le sondage de la Chatelaye et les travaux en descenderie de l'étage du fond d'Eboulet, on ne peut être encore autorisé à assigner une limite maxima à la déclivité du terrain houiller qui ne peut cependant être très-éloignée du puits du Magny.

A ce sujet, je me permettrai d'extraire de l'ouvrage déjà cité de M. Kœchlin-Schlumberge sur le terrain de transition des Vosges, la coupe que ce géologue a faite du terrain houiller de Ronchamp, suivant un plan CD, perpendiculaire au grand axe MN du bassin et passant par les anciens puits des affleurements, le sondage de la Chatelaye, la butte d'Etobon et Béverné, Pl. XI, Fig. 2. On voit que ce géologue fait intervenir le soulèvement du terrain de transition qui apparaît au Midi de Chénebier, pour relever le terrain houiller et former l'autre bord du bassin.

Malheureusement, toutes les recherches faites de ce côté n'ont pas jusqu'à présent fait découvrir les assises houillères. Il serait possible, cependant que cette stérilité ne fût due qu'à la proximité du terrain de transition, et qu'une coupe parallèle à celle de M. Kœchlin-Schlumberge, mais passant plus au Sud-Ouest, par exemple par le puits du Magny, suivant la ligne EF, Pl. XI, Fig. 3, offrirait le relèvement du bassin, masqué par les dépôts plus récents, mais avec plus de chance de succès, au point de vue de la rencontre du combustible.

Ce sont là de simples hypothèses qui ne s'appuient sur aucun fait matériel et qui ne pourraient prendre de la consistance que par des recherches sérieuses faites au Sud entre Frédéric Fontaine et Béverne, et qui, dans tous les cas, devraient atteindre de grandes profondeurs, puisqu'elles auraient à traverser toute la formation de grès des Vosges et du grès rouge.

Variation d'épaisseur du terrain houiller dans la direction. Après avoir étudié l'allure du dépôt houiller, suivant une coupe faite suivant la plus grande pente des terrains, il est intéressant d'examiner comment il se modifie de l'Est à l'Ouest, soit en se dirigeant approximativement suivant la direction générale des bancs ou des couches.

On a déjà vu plus haut que l'épaisseur du terrain houiller varie très-notablement, suivant que l'on considère tel ou tel point de la formation; les coupes de détail de la Pl. XII en donnent de nombreux exemples; mais pour mieux apprécier la loi de cette variation de puissance, nous avons relevé les épaisseurs du terrain houiller sur une même ligne de niveau, qui s'étendrait du point extrême des travaux du puits Saint-Joseph à l'Est, au puits Sainte-Marie à l'Ouest, embrassant une étendue de 2 kilomètres et tracée à la profondeur moyenne de 300 mètres, soit à la cote 400 des travaux de Ronchamp qui représente, afin d'éviter les cotes négatives dans les levés des plans, le niveau réel de la mer :

On forme ainsi un diagramme représenté par la Fig. 5 de la Pl. XIII, dans lequel la ligne inférieure A B figure le sol de la deuxième couche à la cote indiquée, la ligne CD, le toit de la même couche, d'après les observations prises dans les travaux, et enfin la ligne EF est le sol de la première couche.

Ces trois lignes viennent se croiser au point zéro, extrémité Est de la direction des travaux du puits Saint-Joseph à la cote 400 où les deux couches viennent converger et ne forment plus qu'une épaisseur de 0^m,80. La ligne inférieure du sol de la deuxième couche étant horizontale, celle qui représente le toit s'éloigne de la première en marchant vers l'Ouest avec une inclinaison moyenne de 0^m,0113 et la ligne supérieure indiquant le sol de la première couche s'écarte de la première, suivant une inclinaison moyenne de 0^m,374 par mètre, de telle façon que si on prolonge cette dernière jusqu'au puits Sainte-Marie, elle montre que ce puits aurait dû rencontrer la première couche vers 226 mètres, et le terrain houiller à 170 mètres.

Cependant, la coupe du puits Sainte-Marie donne le terrain houiller à 239 mètres et la première couche n'est représentée que par une trace charbonneuse de 0^m,08^c d'épaisseur rencontrée à 248, plus bas par conséquent que l'indique le diagramme de la Pl. XIII.

Mais on remarquera que la mise de charbon de 0^m,08^c n'est que la trace laissée par la première couche dans le joint de la faille que le puits a traversée à cette profondeur et que, dès lors, l'origine du terrain houiller et la première couche doivent se trouver beaucoup plus haut que les points où ils ont été rencontrés.

La ligne supérieure du diagramme indiquant la séparation du grès rouge et du terrain houiller est donc bien à peu près à sa place.

Si par la pensée on prolonge encore cette ligne jusqu'au puits Saint-Paul de la concession de Mourière qui se trouve sensiblement sur la direction passant par Saint-Charles et Sainte-Marie, la concordance des lignes du diagramme avec les indications qu'elles représentent ne paraît plus exister. En effet, d'après la coupe du puits Saint-Paul, Pl. XII, le terrain houiller a été trouvé à 158^m,60 et le terrain de transition à 236 mètres sans indication de couche de charbon ni de bancs de grès talqueux.

D'après le diagramme de la Pl. XIII, et en tenant compte de la faille du puits Sainte-Marie, il aurait dû rencontrer le terrain houiller vers 156, ce qui concorde, la première couche à 215, et le terrain de transition seulement vers 360 mètres.

Mais avant d'expliquer cette anomalie, je ferai remarquer que le puits de la Croix de la Cie de Mourière, comme le sondage de Malbouhans, ont traversé, avant d'être arrêtés dans le terrain de transition, une formation caractéristique en grande partie composée de grès blanc talqueux qui, au puits de la Croix, a une épaisseur de 45 mètres, et au sondage, de 73 mètres, à la partie inférieure de laquelle se trouvent les petites couches exploitées au Culot. Cette formation, que nous désignerons sous le nom de terrain houiller talqueux inférieur, est séparée de la partie supérieure par un banc de conglomérat à gros éléments et elle présente la plus grande analogie avec les bancs de même nature qui ont été traversés au puits Sainte-Marie entre 311 et 342, soit sur 31 mètres d'épaisseur.

C'est à la base de cette formation que l'on a recoupé, au puits Sainte-Marie, avant d'entrer dans le terrain de transition, une petite couche de charbon pyriteux de 0^m,30 à 0^m,40 d'épaisseur, qui pourrait bien être un représentant des couches du Culot.

Je ferai remarquer encore que si cette formation talqueuse évidemment formée aux dépens des argilolithes de transition n'existe pas au puits Saint-Paul de Mourière, cela tient au relèvement du terrain de transition sur lequel ce puits est tombé. En effet, le travers-bancs qui a été pris à 237^m,50, du côté du Nord, traverse, à 127 mètres du puits, une série de bancs talqueux qui, en ce point, par suite de l'accident, n'a qu'une dizaine de mètres d'épaisseur. Et si, par un tracé graphique on reporte ces bancs au-dessous de ceux traversés par le puits Saint-Paul, on reconnaît qu'ils auraient été rencontrés de 287 à 297 mètres.

D'où il résulte que l'absence des grès talqueux au puits Saint-Paul s'explique parfaitement et vient confirmer, comme preuve négative, la continuité de ces bancs du puits Sainte-Marie au sondage de Malbouhans.

Ce terrain de grès et schistes blancs talqueux se remarque parfaitement au toit de la petite couche exploitée au Culot, concession de Mourière, et il a été reconnu également au mur de la couche à l'étage intermédiaire du puits Sainte-Pauline, dans la galerie au rocher qui a rectifié la direction dans le passage de la faille. Enfin, il a été encore reconnu dans la galerie de recherche poussée au mur des bancs de charbon traversés au puits Saint-Georges, au pied de la grande descenderie. Dans ces deux endroits, comme au puits Sainte-Marie et au Culot, certains bancs de cette formation sont excessivement feldspathiques, ont une teinte blanc laiteux et ressemblent à du kaolin durci.

Cet horizon géologique parfaitement caractéristique et que les puits du centre du bassin n'ont pas rencontré, indique donc assez clairement que toute la formation houillère a dû être fortement relevée entre les puits Sainte-Marie et Saint-Paul, probablement sous l'influence du promontoire de porphyre de transition qui apparaît au-dessus de Mourière et que toute la partie supérieure a été dénudée par les érosions.

Cette déduction naturelle de l'observation de faits certains montre clairement qu'il n'y a rien à espérer de nouvelles recherches qui pourraient être tentées à l'Ouest de la concession de Ronchamp. Du reste, le sondage de Malbouhans et le puits Saint-Paul viennent pleinement confirmer cette assertion par leur insuccès.

Nature des roches composant le terrain houiller. La composition des strates de ce terrain est aussi variable que sa puissance.

Il est formé de bancs de grès et de schistes plus ou moins bitumineux, de quelques bancs de poudingues et de couches de charbon. Les bancs de schistes sont en plus grande abondance dans la partie orientale du bassin, mais la puissance des bancs de grès, leur nombre et le volume même de leurs éléments constitutifs augmentent assez rapidement à mesure que l'on s'avance vers l'Ouest, de façon que là les grès deviennent prédominants, comme on le remarque dans la coupe des puits Sainte-Marie et Saint-Paul.

Schistes houillers. Les caractères de ces schistes dans les puits proches des affleurements sont parfaitement définis dans l'ouvrage de M. Thirria et dans la Carte géologique de France par ses auteurs.

Ils se composent d'une argile schisteuse noire fréquemment couverte d'empreintes, alternant avec le grès houiller et formant souvent le mur et le toit de la couche de houille supérieure. Celle du toit est assez solide, d'un noir plus ou moins foncé ; elle se sépare fréquemment en feuillets épais, contournés, à surface miroitante. Elle est alors assez dense, dure, et offre une cassure rubannée, parallèle aux surfaces de séparation ; tandis qu'ailleurs, elle se divise en feuillets plus minces et présente des empreintes végétales analogues à celles qu'on rencontre dans un grand nombre de houillères. Souvent cette argile perd son caractère bitumineux et prend alors une teinte verdâtre, quelquefois elle passe au brun, puis au rouge, par une série de marbrures qui finissent par envahir toute la masse. Elle contient souvent des fragments plus ou moins arrondis de schiste argileux verdâtre de terrain de transition qui deviennent quelquefois assez nombreux pour en faire un poudingue argileux.

Cette argile schisteuse plus ou moins coloriée en vert, en violet ou en rose, qui forme près des affleurements le toit même de la couche supérieure de houille, passe quelquefois, dit M. Thirria, au schiste alumineux, dont on avait essayé autrefois de retirer l'alun. Argilolithe
du
terrain houiller.

On désigne assez fréquemment cette roche sous le nom d'argilolithe du terrain houiller, pour la distinguer des roches analogues de la base du grès rouge et de la partie supérieure du terrain de transition.

Ces caractères très-distincts des schistes argileux qui composent en majeure partie le terrain houiller qui recouvre les couches de houille, disparaissent complètement à mesure que l'on s'enfonce dans l'aval-pendage.

Ainsi, dans les puits Saint-Charles et Saint-Joseph, comme au sondage du pré de la Cloche et dans les nouveaux puits, les argilolithes du terrain houiller sont tous plus ou moins noirs, à faces souvent très-miroitantes, renferment de nombreuses empreintes et affectent surtout au toit des couches cette structure feuilletée et rubannée.

Cependant, à la tête du terrain houiller dans les puits et sondages ci-dessus indiqués, on rencontre des bancs d'argile, rouges, violacés, bleuâtres, qui pourraient être comparés aux schistes diversement teintés du même terrain, près des affleurements ; mais il est fort difficile de déterminer d'une manière rigoureuse, par suite de la concordance de la stratification, si ces argiles forment la tête du terrain houiller ou la fin du grès rouge, et si elles appartiennent à l'un ou à l'autre de ces deux terrains.

Nous aurons occasion de revenir sur ce sujet en parlant des argilolithes de la base de la formation du grès rouge.

Les bancs de grès houiller assez rares et peu puissants du côté de l'Est et près des affleurements augmentent au contraire Grès houiller.

en nombre et en importance en se dirigeant au couchant et [en descendant sur l'aval-pendage.

M. Thirria donne, dans son ouvrage, la coupe des puits n°s 1 et 2 dans lesquels les schistes entrent pour les $^2/_3$ de la hauteur du terrain houiller, tandis que le grès et le poudingue n'en présentent que le $^1/_3$.

Il existe parfois, comme le fait remarquer le même auteur, en-dessous de la deuxième couche et en contact avec le terrain de transition, un banc de grès assez puissant à grains fins, réunis par un ciment argileux d'un gris jaunâtre.

Grès de l'Etançon.

Ce banc, reconnu en divers points, a été exploité comme pierre à bâtir dans le bois de l'Etançon, au dessus du puits Samson. Sa puissance est en ce point d'une sixaine de mètres, il était assez compact pour pouvoir fournir les moellons et pierres de taille qui ont servi à édifier les bâtiments des machines des puits n° 7 et Saint-Charles. Ce banc de grès que M. Thirria dit ressembler en certains points à une grauwacke qui aurait été frittée par l'action du feu, pourrait bien être le représentant des grès blancs que j'ai signalés formant la partie inférieure du terrain houiller et reconnus aux puits Sainte-Marie, Sainte-Pauline et Saint-Georges, et enfin au Culot.

Le caractère qui distingue, en effet, cette roche, c'est de renfermer des éléments talqueux blancs, verdâtres, particulièrement dans les délits de stratification, de devenir à l'air assez rapidement jaunâtre sans doute, par suite de l'oxydation de certaines parties ferrugineuses et de présenter alors au point de vue physique, comme par sa position géologique, beaucoup de ressemblance avec le grès de l'Etançon.

Cette formation dans tous les points observés renferme des empreintes végétales nombreuses particulièrement dans les intercalations de grès schisto-argileux, caractère qui confirme encore l'analogie des grès de l'Etançon, avec ce que j'ai appelé la partie talqueuse du terrain houiller.

Le grès houiller passe fréquemment à toutes les variétés

des grès schisteux stratifiés et feuilletés, renfermant beaucoup de mica et de nombreuses empreintes.

Les bancs de grès intercalés dans le terrain houiller sont constitués par un ensemble de grains de quartz hyalin blanc et de feldspath cristallin, en grande partie décomposés réunis par un ciment argileux grisâtre. Ils contiennent souvent des noyaux assez peu arrondis et de la grosseur d'une noix de porphyre et de schiste de transition.

La dureté de ces grès fins n'est pas très-grande ; ils se percent et travaillent assez bien sous l'effort des explosifs ; mais il n'en est pas de même quand la roche passe au poudingue.

Ils sont rarement assez compacts pour résister aux intempéries de l'air et ne peuvent, pour cette raison, faire que de mauvais matériaux de construction, se désagrégeant facilement et très-perméables à l'humidité.

Cette catégorie de roches est assez rare dans le terrain houiller ; cependant, il en existe un banc très-caractéristique à quelques mètres au-dessus de la couche et qui a été reconnu dans les anciens puits, ainsi qu'aux puits Saint-Charles et Saint-Joseph.

Poudingues grossiers et conglomérats.

Il forme plutôt un conglomérat qu'un poudingue, les cailloux roulés euglobés dans la masse sont parfois de la grosseur d'un chapeau et sont composés de granit, de gneiss granitique et de porphyre brun ou noir, reliés par une pâte assez peu cohérente de poudingue grossier, à éléments semblables, mais plus petits.

Un banc analogue existe entre les deux couches de charbon et est compris entre la petite couche intermédiaire de $0^m,70$ à $0^m,90$ d'épaisseur et la deuxième couche. Il a été traversé en un grand nombre de points, soit dans les fonçages de puits et de sondages, soit dans les travaux par les galeries à travers-bancs, rejoignant les couches de charbon, à l'une de ces galeries, appelée travers-bancs des Robert, percée en 1870, pour tracer une galerie inclinée, devant servir à l'aérage, entre la galerie en direction du couchant à l'étage supérieur du puits Saint-Joseph dans la deuxième couche, et la première couche à l'étage supérieur, le rocher consistait en un poudingue grossier passant au conglomérat, formé de cailloux plus ou moins arrondis de porphyre brun verdâtre très-dur, de la grosseur d'une noix à celle d'une pomme et soudés par une pâte feldspathique blanchâtre moins dure.

C'est là qu'ont été faits les premiers essais de dynamite à Ronchamp et probablement en France.

L'effet de cette substance rapporté au volume de rocher que peut abattre 1 kil. de substance et comparé à celui de la poudre ordinaire, fut trouvé à cette époque de 1.700, tandis que celui de la poudre n'était dans les mêmes circonstances que de 0,34, c'est-à-dire cinq fois moins considérable.

La difficulté de se procurer de la dynamite, que l'on faisait venir de Suisse, obligea d'interrompre ces essais, qui ne furent repris d'une manière continue que l'année suivante.

Un banc de poudingue grossier très-dur a encore été tra-traversé dans la galerie d'allongement établissant la jonction du puits Saint-Charles au puits Sainte-Marie dans le passage d'une faille et qui semblerait appartenir au sol de la deuxième couche.

Conglomérats du puits Ste-Marie. — Vers 340 mètres au puits Sainte-Marie, on a traversé un banc de poudingue passant au conglomérat, dont les cailloux roulés, parfois de la grosseur de la tête, étaient formés de porphyre rouge et vert d'une très-grande dureté.

Ce banc, très-caractéristique, d'une épaisseur de 4 à 5 mètres au puits Sainte-Marie, n'a été rencontré ni au puits Sainte-Pauline, ni au puits Saint-Georges, dans la formation talqueuse ; il n'a pas été traversé directement par le puits Saint-Paul de la concession de Mourière, par le fait du soulèvement sur lequel ce puits est tombé ; mais il a été percé à une distance de 60 à 85 mètres dans le travers-bancs pris à 242^m,90 dans ce puits et dirigé au Nord pour recouper les bancs inférieurs.

Si on admet par la pensée que ces bancs se poursuivent en s'enfonçant sous le puits Saint-Paul, ils auraient été traversés par ce puits à la profondeur de 271 à 280 mètres. Au sondage de Malbouhans, on les a rencontrés à la profondeur de 338 à 348 mètres correspondant beaucoup mieux à celle du puits Sainte-Marie.

En ce dernier point, le dépôt de poudingue grossier passant au conglomérat présente une épaisseur de près de 10 mètres.

Ce fait vient confirmer le principe déjà énoncé que la formation houillère de Ronchamp, plus riche en schiste à l'Est, devient au contraire de plus en plus abondante en grès et en poudingue, en s'avançant au couchant. *Direction dans laquelle s'est fait le dépôt des grès.*

Je ne veux, pour le moment, tirer de cette observation que ce fait indiscutable ; c'est que le dépôt stérile et particulièrement la formation arénacée, grès, poudingues et conglomérats, a dû être déversée dans le bassin de Ronchamp par des courants qui entraînaient ces matières de l'Ouest à l'Est.

Cette observation nous servira plus loin pour déterminer, dans la mesure du possible, les causes et le mode de formation du bassin de Ronchamp.

Il existe à Ronchamp trois couches de houille qui ont toutes trois donné lieu à des exploitations ; la couche supérieure ou première couche, la couche intermédiaire et la couche inférieure ou deuxième couche. *Couches de houille.*

La couche intermédiaire, par suite de sa faible puissance, $0^m,75$ à $0^m,80$, et de sa qualité inférieure, comme pureté, a été peu exploitée. *Couche intermédiaire.*

Cependant, elle a été suivie sur une assez grande étendue au puits Saint-Charles, où sa puissance atteignait près d'un mètre ; mais les nombreux accidents qui l'affectaient et son amincissement rapide, en s'éloignant au levant et au couchant, n'ont pas permis de rendre son exploitation productive et l'ont fait suspendre.

Couche inférieure ou 2ᵐᵉ couche.

La couche inférieure d'une puissance dépassant parfois 4 mètres a donné lieu à des travaux très-étendus et elle est encore exploitée aujourd'hui avec profit.

Ainsi que le dit M. Thirria, qui pendant de longues années a suivi de très-près ces exploitations, comme ingénieur de l'Etat, cette couche a une allure irrégulière, elle n'est pas continue et semble s'être déposée seulement dans les dépressions du terrain de transition. La houille qui la constitue est de qualité médiocre, à cause de la forte proportion des parties terreuses et de la pyrite de fer qu'elle contient.

N'ayant pu observer cette couche qu'à une assez faible distance des affleurements, cet ingénieur ne lui donne qu'une épaisseur moyenne de 2 mètres, dont il faudrait déduire près d'un mètre pour les lits de grès schisteux qu'elle contient.

Il admet, en outre, qu'elle ne dégageait que peu ou point d'hydrogène protocarboné.

Ces caractères qui pouvaient être vrais, je le répète, dans les parties exploitées par les anciens puits et galeries débouchant au jour, ne sont plus exacts pour la deuxième couche, telle qu'elle a été et est encore exploitée dans les puits Saint-Charles et Saint-Joseph.

Cependant, je dois ajouter que son caractère d'irrégularité dans son dépôt existe toujours, et, pour s'en convaincre, il n'y a qu'à jeter un coup d'œil sur le plan d'ensemble des travaux.

Ainsi elle n'existe ni au puits Sainte-Barbe, ni au puits Sainte-Pauline, ni à celui d'Eboulet, pas plus qu'elle ne paraît s'être déposée au puits du Magny. On la connaît, comme nous l'avons vu, aux affleurements, où on peut la suivre sur une assez faible étendue dans les petits vallons situés au-dessus de la houillère.

Certainement inférieure comme qualité à la première couche

dont nous parlerons tout-à-l'heure, elle est cependant bien marchande et ses menus, lavés avec soin, sont susceptibles de donner un très-bon coke métallurgique.

Par ses qualités comme combustible, sa puissance, sa régularité, la facilité de son abatage et la continuité dans son gisement, cette couche forme la plus grande richesse de l'exploitation. Nous nous étendrons donc un peu plus longuement sur son étude. — *Couche supérieure ou 1re couche.*

Le charbon de la première couche est d'un beau noir en masse, mais la poussière est brune et tache en marron les doigts ou le papier. Il se clive assez facilement et donne à l'abatage, dans les parties dures, une proportion de gailletterie de 25 à 30 p. %. Les parties les plus tendres donnent une poussière très-tenue et abondante, qui se répand dans le chantier, obscurcit l'atmosphère et devient un véritable danger quand la couche dégage du grisou. — *Caractères physiques.*

Ce charbon gonfle et colle au feu, il s'allume facilement et brûle avec une flamme brillante et vive. Ces qualités le rendent éminemment propre à faire du coke très-estimé pour les hauts-fourneaux, à cause de sa grande densité et de son pouvoir calorifique élevé, mais la nature siliceuse des cendres le rend impropre au chauffage des locomotives.

Les analyses que nous donnerons plus loin peuvent le faire ranger dans la classe des houilles grasses à longue flamme et présentant de l'analogie avec le charbon de la grande couche de Luce à la Grand'Combe.

Il est éminemment propre au chauffage des chaudières à vapeur et ses qualités collantes en font un charbon bon pour les travaux de forge, surtout quand il a été purifié par le lavage.

Le combustible fourni par la deuxième couche participe aux qualités que nous venons d'énumérer, mais à un moindre degré, sous tous les rapports. Il semble que son rapprochement du terrain de transition, joint aux conditions de pureté moins favorables dans lesquelles s'est effectué son dépôt, a été la cause de cette défaveur qui, je le répète, est assez motivée.

Les charbons des deux couches s'échauffent difficilement : celui de la deuxième seul, lorsqu'il est entassé au jour en grandes quantités, peut s'échauffer sensiblement, probablement à cause des pyrites de fer que les parties schisteuses contiennent en assez grande abondance ; mais il n'y a eu jamais d'exemples d'incendies spontanés ni au jour ni au fond.

L'incendie du puits Saint-Charles, sur lequel je reviendrai en parlant des travaux, a eu une cause toute accidentelle.

Le séjour prolongé aux intempéries du charbon de la deuxième couche lui fait perdre sa teinte noire, et les tas se couvrent à la surface et particulièrement dans les parties menues et terreuses d'une couche blanche de sulfate de fer provenant de la décomposition des pyrites qui donne à la masse un aspect désagréable.

La première couche, par suite de sa plus grande pureté, ne présente pas les mêmes inconvénients ; mais il est certain que, comme pour tous les combustibles minéraux, elle perd, par un long séjour à l'air, une partie de ses qualités et de son pouvoir calorifique.

Du grisou.

Les mines de Ronchamp sont franchement grisouteuses, les deux couches en dégagent, mais en des proportions différentes.

La couche inférieure est moins riche en grisou que la première ; néanmoins, elle en dégage suffisamment, particulièrement dans les parties vierges ou les premiers traçages, pour nécessiter les plus grandes précautions et interdire fort souvent le tirage à la poudre.

Dans la première couche, la quantité de grisou qui s'échappe de la houille est parfois assez grande pour rendre illusoire tout moyen d'aérage et obliger à suspendre momentanément le travail.

Il se dégage des fronts de taille avec un fort bruissement et fait pétiller le charbon dont les pellicules détachées par la force d'expansion du gaz au moment où il s'échappe des pores, sont lancées au loin.

Assez fréquemment il s'écoule sous forme de soufflards qui persistent quelquefois plusieurs mois et dont le jet est sensible à la main. On l'a vu dans le fonçage du puits Saint-Joseph, quand on est arrivé sur la couche, soulever le charbon, se dégager en masse et s'allumer sur les lampes des mineurs qui eurent beaucoup de peine à l'éteindre.

Quand une galerie où il se dégage du grisou est restée au repos pendant quelque temps, il n'est pas rare que la zône grisouteuse soit visible sous forme d'un léger brouillard que le moindre mouvement fait onduler. Quand on plonge la tête dans cette zône sans respirer, on ressent un sentiment de fraîcheur et d'embarras sur l'épiderme, comme si l'on était frôlé par des toiles d'araignées. Ses effets sont dus, sans aucun doute, comme l'indique M. Dumas dans sa Chimie industrielle, à l'expansion de ce gaz des pores de la houille, où il réside à une haute tension et au refroidissement qui en résulte et qui précipite la vapeur d'eau existant dans l'air ambiant.

Quand il est pur, son effet sur l'organisme est très-rapide et il détermine facilement la mort par un effet probablement anesthésique et toxique, mais dans tous les cas sans douleur apparente. Je citerai plusieurs cas d'ouvriers qui, entrant sans précaution dans une remontée remplie de grisou, sont tombés presque instantanément et ont péri victimes de leur impru-dence.

A Ronchamp, ces couches de houille n'ont pas seules le privilége de dégager du grisou, les bancs de schiste et de grès existant soit au toit des couches, soit entre les couches, produisent également ce gaz en assez grande abondance pour s'allumer sur les coups de mine dans les galeries au rocher.

Il n'est donc pas étonnant que dans des conditions semblables, les mines de Ronchamp aient eu à enregistrer un assez grand nombre d'accidents dus à l'inflammation du grisou.

Dans un travail précédent (1), j'ai décrit les divers accidents de ce genre qui se sont produits dans les travaux de Ronchamp, de 1856 à 1875, en indiquant autant que possible les causes déterminantes des explosions. Mais avant cette époque, et pour ainsi dire au début de l'exploitation, on eut à déplorer plusieurs autres explosions dont le puits Saint-Louis fut le théâtre.

C'est au mois d'août 1821, d'après les rapports de l'époque, que l'on constata pour la première fois la présence du grisou dans un percement de la galerie du Cheval à une faible distance des affleurements.

Cette constatation fut faite par M. Parrot, ingénieur des mines qui, à ce sujet, recommanda aux exploitants de prendre les précautions d'usage pratiquées à cette époque et qui consistaient à allumer le grisou qui s'était amassé au faîte des galeries, par un ouvrier appelé Pénitent, qui se traînait eu rampant et recouvert de linges mouillés.

2ᵐᵉ explosion du grisou. Elle eut lieu trois ans plus tard, le 10 avril 1824, dans les travaux du puits Saint-Louis. On constata vingt morts et seize blessés.

On ne faisait encore usage que de la lampe à feu nu, et c'est à partir de cette époque que la lampe de sûreté de Davy fut prescrite dans les travaux.

3ᵐᵉ explosion. Le 31 mai 1830 se produisit la troisième explosion dans les travaux du même puits.

Elle fut déterminée par l'imprudence d'un ouvrier qui, pour *dépourrer* (2) le grisou, lequel, à la reprise du travail,

---

(1) *Étude sur le grisou. — Moyens préventifs contre les explosions.* — Montceau-les-Mines, 1878.

(2) *Dépourrer* ou *débourrer*, action de diluer le grisou en l'agitant avec des vêtements.

le lundi, occupait le faîte des galeries, se servit d'une canette de poudre, qu'il alluma et produisit une explosion considérable qui causa la mort de 30 ouvriers et détruisit les travaux. A la suite de cet accident, l'ingénieur des mines ordonna qu'à l'avenir, le *dépourrage* du grisou à la reprise du lundi serait fait avant la descente du poste par un maître-mineur et 4 ouvriers, et il réduisit à deux le nombre de tailles en activité, au lieu de six. Il modifia également le système d'aérage en s'efforçant de le rendre toujours ascendant et en exigeant que les murs d'aérage, servant de cloisons, fussent toujours poussés à 2 mètres du front de taille, enfin en réduisant de 5 mètres à 3^m,50 la largeur des tailles.

Le grisou, à Ronchamp, est généralement assez pur suivant l'expression des ouvriers ; il est vif, il pique légèrement les yeux, a une odeur fugitive, mais *sui generis* et une odeur sucrée, il présente cette propriété particulière que j'ai éprouvée fréquemment, c'est d'altérer complètement le timbre de la voix, quand on parle dans un mélange assez fortement chargé de grisou.

Contrairement à l'opinion émise par M. Haton de la Goupillière (1), je pense que l'hydrogène protocarboné, ou tout au moins le grisou de Ronchamp, est un gaz toxique qui amène la mort, non-seulement en privant les poumons d'oxygène, mais en agissant à la façon des poisons et des plus violents.

A l'appui de cette opinion, je citerai trois exemples dont j'ai été témoin.

Au puits Saint-Charles, deux ouvriers travaillaient à établir un percement montant sur la sixième taille du puits incliné au levant ; ils durent abandonner ce travail à cause de l'abondance du grisou. On barra la remontée, et le travail de percement fut pris en descendant par la taille supérieure. Sur le

---

(1) Rapport de la Commission d'étude des moyens propres à prévenir les explosions du grisou.

point de percer, ils voulurent se rendre compte si la descenderie était bien dans l'alignement de la remontée, et l'un d'eux, quittant son camarade, s'engagea témérairement, malgré le barrage dans la remontée pour aller frapper à l'avancement. Quelques minutes s'étant écoulées sans rien entendre, l'ouvrier qui attendait le signal convenu dans la descenderie s'empressa de rejoindre son camarade qu'il trouva étendu la face contre terre et les pieds presque dans la galerie. Malgré tous les soins qui lui furent prodigués, il ne put être rappelé à la vie.

Le deuxième cas d'intoxication par le grisou eut lieu dans le même puits dans les travaux de la deuxième couche à l'étage supérieur. Il se produisit dans des circonstances analogues, et ce fut un chef de poste qui en fut la victime. Il voulut également pénétrer dans une remontée interrompue à cause du grisou et après s'être avancé de quelques mètres, il tomba pour ne plus se relever.

Il est à remarquer que dans ces deux cas, quoique la chute des victimes les ait soustraites à l'influence du grisou, elles ne purent, malgré cette circonstance favorable, être rappelées à la vie.

Le troisième et dernier exemple d'intoxication par le grisou est celui d'un ouvrier au puits Sainte-Pauline, qui s'égara en voulant quitter les travaux, et après avoir franchi des barrages et une galerie éboulée et abandonnée sur un très-grand parcours, alla échouer dans une ancienne remontée pleine de grisou, où il fut trouvé plusieurs jours après, ayant encore sa lampe éteinte dans les mains. Il semble donc, dans ce cas comme dans les autres, que la mort a été à peu près instantanée.

Je puis ajouter que l'un de nous voulant respirer à plusieurs reprises de l'air fortement chargé de grisou, est tombé inanimé sur le sol. Après un moment de faiblesse il revenait promptement à lui, sans ressentir aucune douleur sensible.

M. Chansselle, d'après M. Haton de la Goupillière, a éprouvé sur lui-même un commencement d'asphyxie par le grisou pour avoir respiré ce gaz à peu près pur.

Les effets de ce gaz sur le système nervenx, dit M. le docteur Riembault, qui a eu maintes fois l'occasion de le constater : « sont d'une promptitude et d'une énergie effrayantes ; la « sensibilité, la mobilité, ainsi que l'intelligence, s'altèrent « rapidement ; puis la respiration s'embarrasse et cesse bientôt « si de prompts secours ne sont administrés. »

D'après ces faits, il semble donc que l'asphyxie par le grisou présente des caractères étranges qui doivent empêcher de le faire considérer, d'après M. Jamin (1), comme un anesthésique semblable au chloroforme et comme un poison analogue à l'oxyde de carbone.

Comme le docteur Riembault de Saint-Etienne, le docteur A. Spindler de Ronchamp s'est beaucoup occupé des effets du grisou sur l'organisme, et les circonstances ont été malheureusement trop favorables à ses études.

Il pense, comme son confrère de Saint-Etienne, et d'accord avec tous les ingénieurs qui se sont occupés du grisou, que ce gaz est rarement pur et présente un mélange de gaz qui peuvent varier soit dans leur nature, soit dans leur qualité.

Les nombreuses analyses citées par M. Haton de la Goupillière, de même que les recherches faites récemment à Anzin par M. Fouqué, semblent exclure l'oxyde de carbone de ce mélange, et cependant, devant les effets foudroyants que j'ai cités, on doit se demander si quelques traces de ce gaz éminemment tonique ne peuvent parfois se présenter en mélange avec le grisou. M. Haton émet un doute à cet égard et pense comme nous qu'il y a là toute une étude très-intéressante à faire, qui rentre dans la compétence du chimiste et du médecin, et dont la connaissance serait d'un grand intérêt pour le mineur.

---

(1) Jamin. — *Le Grisou*. — *Revue des Deux Mondes*, 15 février 1881.

J'ai déjà indiqué, en parlant de l'allure du terrain houiller, la grande divergence qui se produit dans ce terrain en suivant une même direction et en allant de l'Est à l'Ouest.

Les couches participent dans une large mesure à cet épanouissement de la formation houillère qui consiste à diviser et répartir la matière combustible dans un grand nombre de bancs, dont l'ensemble pourrait constituer une certaine richesse, mais dont chaque banc, en particulier, devient tout à fait inexploitable.

Le diagramme représenté Pl. XIII, Fig 5, dont il a été déjà question, montre clairement ce que deviennent les couches de charbon en se dirigeant à l'Ouest.

Ainsi, au point de départ situé à environ 600 mètres à l'Est du travers-bancs supérieur de Saint-Joseph, à peu près à la cole 400 des travaux, les trois couches se réunissent et n'en forment, à proprement parler, qu'une seule dont l'épaisseur ne dépasse pas 1 mètre et qui repose presque immédiatement sur le terrain de transition.

A mesure que l'on marche à l'Ouest, les couches se séparent et peuvent, vers le montage Kœnig, être exploitées séparément ; à 300 mètres plus loin, la couche inférieure se dédouble et les deux parties donnent lieu également à des exploitations séparées. Plus loin encore, la partie inférieure de la deuxième couche se divise elle-même en plusieurs bancs séparés par des barres de plus en plus fortes et devient inexploitable à 800 mètres du travers-bancs. La partie moyenne de la deuxième couche suit la même marche, de façon à n'offrir bientôt dans la région du puits Sainte-Marie qu'un seul banc exploitable de $0^m,80$.

Les coupes de détails de la Pl. XII montrent avec quelle rapidité la deuxième couche s'appauvrit en s'éloignant au couchant.

L'allure en direction de la première couche n'est pas tout à fait la même, quoique le résultat final soit comparable. Partant du point zéro du diagramme précité avec une épaisseur de 0ᵐ,90 à 1 mètre, elle grandit assez rapidement de façon à atteindre sa plus grande puissance sur le pendage passant par les puits Saint-Charles et Saint-Joseph ; mais à partir de ce point, en continuant à marcher au couchant, son épaisseur diminue de façon à n'offrir plus qu'un banc de 0ᵐ,60 à moins de 700 mètres du travers-bancs de Saint-Joseph.

Il n'est donc pas étonnant que le puits Sainte-Marie ne l'ait pas rencontrée ou plutôt qu'elle n'y soit indiquée que par une trace de 0ᵐ,08 de charbon trouvé dans un point de faille. La grande galerie qui met en communication les deux puits Sainte-Marie et Saint-Charles a mis en évidence cet appauvrissement des couches, et de la deuxième en particulier.

Un travers-bancs pris sur cette galerie à 450 mètres du puits Sainte-Marie a été poussé sur une longueur de 90 mètres ; il n'a reconnu que deux faisceaux de petits bancs de charbon dont le plus épais n'a que 0ᵐ,25 et qui doivent représenter, le premier, la partie supérieure de la deuxième couche, et le second la première couche ou la couche intermédiaire.

Un coup de sonde de 10 à 12 mètres donné au toit à l'avancement n'a rencontré aucune nouvelle couche exploitable.

La coupe, Pl. XIII, Fig. 6, donne les détails de cette galerie à travers-bancs, détails fournis par mes souvenirs et qui, s'ils ne sont rigoureusement exacts, sont du moins assez approximatifs.

Elle corrobore en tous points tout ce qui a été dit sur l'appauvrissement des couches vers l'Ouest, et montre que toute recherche faite plus à l'Ouest encore sur la même direction a bien peu de chances de donner de bons résultats.

Les couches de Ronchamp offrent les accidents habituels aux couches de tous les bassins houillers : rejets montants ou descendants en très-grand nombre qui enlèvent toute régularité à l'exploitation et nécessitent de fréquents passages au rocher, crains ou serrements, failles rarement très-importantes qui

Accidents qui affectent les couches.

disloquent le gîte et obligent à de coûteuses recherches au rocher, comme celle du levant de Sainte-Pauline, accidents locaux et pour ainsi dire contemporains de la formation de la houille.

Mais elles présentent deux genres d'accidents plus particuliers et qui sont de nature à nous édifier sur le mode de formation du dépôt, je les décrirai avec quelques détails.

Houille grise ou gris. On désigne sous ces appellations à Ronchamp une sorte de combustible que l'on rencontre parfois dans une partie d'une couche, et particulièrement dans la partie inférieure, sans continuité, mais par passages ; d'autres fois, elle envahit peu à peu toute la couche qui conserve sa puissance, mais devient inexploitable.

Comme exemple, je citerai les parties les plus élevées de la première couche au puits Sainte-Barbe, où toute la couche, sur une épaisseur de 3 mètres, s'est transformée en grès.

Cette substance n'est plus, à proprement parler, du charbon, mais un grès noir bitumineux très-dur, se cassant difficilement et très-pyriteux. Elle a de l'analogie avec le Chauffoux des mines du centre et le Ferrin des mines du Gard ; mais son état dans la couche et son origine me paraissent tout à fait différents.

Les Chauffoux et les Ferrins se rencontrent en boules indéterminées dans la couche, de même qu'un bloc de porphyre ou de gneiss se trouve dans un conglomérat ; on peut les enlever en les contournant dans le charbon dont la qualité n'est pas sensiblement altérée, ils sont, en un mot, indépendants dans la couche.

Action des soulèvements du terrain de transition sur les couches de charbon. M. Thirria dit, dans sa Statistique : « Le gîte houiller de « Ronchamp et Champagney est affecté de plusieurs accidents « ou dérangements qui en interrompent la continuité et le « rendent stérile. La houille, dans leur voisinage, devient « terreuse, très-pyriteuse et se transforme souvent en un *grès* « *houiller* de couleur noirâtre, très-bitumineux et chargé « d'une forte proportion de fer spathique. »

Assurément, cet ingénieur, dans la dernière phrase, indique clairement la transformation de la couche en houille grise, et il en attribue l'origine au voisinage des grands accidents qui ont altéré en même temps l'allure des couches, c'est-à-dire les relèvements ou soulèvements du terrain de transition.

Il est à remarquer, en effet, qu'à l'approche et au contact de ces accidents, dans la partie de couche étirée qui les enveloppe, le charbon devient nerveux, dur, pyriteux et se transforme bientôt, comme le dit M. Thirria, en grès bitumineux, renfermant beaucoup de pyrite et de fer spathique. Les parties dont il a été déjà parlé, situées tout au sommet des travaux du puits Sainte-Barbe, par conséquent très-rapprochées du grand soulèvement séparant le puits Saint-Louis du puits Saint-Charles, répondent parfaitement au genre d'accident dont il est question.

Il en est de même pour la couche amincie ou étirée sur le soulèvement passant entre les puits n°ˢ 6 et 7, Pl. XIII, Fig. 2, qui a été franchi par une galerie réunissant les puits.

On peut en dire autant, quoique dans une mesure moindre d'altération du charbon, sinon de son amincissement pour le soulèvement passant au midi du puits Saint-Joseph qui a une moindre amplitude, pour celui de Sainte-Barbe et enfin pour celui d'Eboulet.

De l'ensemble de ces faits, il résulte donc pour nous la conviction que les soulèvements du terrain de transition sont postérieurs au dépôt houiller, mais que la date de leur apparition est assez rapprochée de la formation houillère, pour avoir pu rencontrer des matières encore plastiques qui se sont étirées pour ainsi dire sans se rompre, et qui, dans cet état de plasticité, ont été très-facilement impressionnables aux effets multiples auxquels elles ont été soumises.

On conçoit, en effet, que ces soulèvements importants ont dû agir sur les couches de charbon de plusieurs manières.

1° Par des effets mécaniques ou de compression qui tendaient à étirer la couche en produisant quelques ruptures si le dépôt avait déjà acquis une certaine rigidité, comme on peut le remarquer dans la coupe du soulèvement de Sainte-Barbe.

2° Par des effets chimiques qui peuvent être la conséquence de la chaleur naturelle du terrain de transition qui se fait jour ou de celle qui doit être la conséquence même de l'action mécanique.

Le concours de ces diverses actions a pour résultat final d'agir directement sur les substances les moins fixes de la houille, en opérant une certaine distillation des matières organiques, en en laissant que les parties étrangères à la houille ou stériles, et même en en introduisant d'autres par suite des émanations venant de l'intérieur. C'est ainsi que l'on rencontre en abondance, dans les masses de houille grise, de la pyrite de fer, du carbonate de fer, de la baryte sulfatée, du carbonate de chaux, de la silice et parfois du bitume libre imprégnant de petites géodes de cristaux des diverses substances indiquées.

Si nous examinons la coupe générale, Pl. XI, et les coupes de détails, Pl. XIII, Fig. 1, 2, 3, 4, donnant des exemples de soulèvements qui affectent les couches de Ronchamp, on remarque que le pendage de la couche n'est plus le même suivant que l'on considère l'amont ou l'aval-pendage, et que si par la pensée on supprime la partie relevée et qu'on réunisse les deux portions interrompues, le raccordement ne peut se faire sans une brisure formant un angle plus ou moins obtus et qui détruit l'uniformité de l'allure générale. Il n'en serait pas de même si le soulèvement était antérieur au dépôt houiller.

Dans ce cas, la matière combustible, quelque soit son mode de formation, aurait pu également laisser une trace sur les gibbosités du terrain de transition ; mais l'allure de la couche en amont comme en aval aurait dû être sensiblement la même.

Dans cette dernière hypothèse, on ne comprendrait pas

pourquoi les deux couches, quoique amincies, n'existeraient pas sur les soulèvements, avec une séparation de terrain houiller stérile.

Enfin, une raison qui semble primer toutes les autres pour l'antériorité du dépôt houiller aux soulèvements, c'est l'altération considérable de composition subie par les couches à l'approche et au contact des soulèvements.

Il résulte de ce qui précède que c'est à tort et par une interprétation erronée des accidents de Ronchamp que l'on a établi dans ces dernières années une coupe générale, d'après laquelle les soulèvements si bien reconnus ne sont indiqués que comme de simples failles qui relèvent et abaissent l'ensemble de la formation ou plus simplement ne font que la relever sans détruire l'allure et la composition des couches.

Pour celui qui a parcouru les soulèvements de Ronchamp en passant de la partie en amont à celle en aval, et franchissant les sinuosités de l'accident, il lui est impossible, en dehors de toute autre considération, d'admettre une pareille théorie qui semblerait révoquer en doute la présence même des soulèvements et attribuer les perturbations qu'ils ont apportées dans le dépôt des couches à la présence de quelques failles, comme cela se passe dans d'autres bassins.

Pour montrer clairement la différence qui existe entre les deux genres d'accidents et faire ressortir l'erreur commise, je donne, Pl. XIV, Fig. 12, une coupe passant par les puits Saint-Pierre et Maugrand des mines de Blanzy.

Dans cette coupe, on voit l'ensemble des deux principales couches relevées vers les affleurements et traversées par des failles qui tantôt relèvent ou abaissent les couches ou simplement les relèvent; les deux couches sont affectées de la même manière et il n'y a étirement ni dans le dépôt du combustible, ni dans celui des parties stériles. Il n'y a pas non plus d'altération dans la composition de la nature du charbon.

Le soulèvement qui à Blanzy a relevé les couches aux affleurements est donc postérieur, comme à Ronchamp, au dépôt houiller ; mais c'est là le seul point de ressemblance.

A Blanzy, les soulèvements qui ont modifié le bassin et lui ont donné la forme définitive qu'il présente (1) appartiennent aux systèmes du Forez, de la Côte-d'Or et du Ténare, bien postérieur à celui des Ballons qui a affecté la formation de Ronchamp.

On conçoit, d'après cela, que le dépôt de Blanzy n'était plus dans un état plastique suffisant et avait acquis une assez grande rigidité pour ne pouvoir être étiré, comme celui de Ronchamp, par les soulèvements.

Il en est résulté de nombreuses ruptures dénivelant les couches, les rejetant par le fait combiné des pressions latérales et des affaissements, à de grandes profondeurs sans détruire sensiblement leur parallélisme, sans altérer ni leur puissance ni leur qualité.

Je pense donc que l'on doit maintenir la coupe d'ensemble du bassin de Ronchamp, telle qu'elle a été produite dans les ouvrages de MM. Burat, Callon, Fournet, Kœchlin, Schlumberge, etc., et qui donne aux protubérances du terrain de transition le rôle et l'importance qu'elles ont réellement.

Constitution des charbons. — Analyses.

Nous avons dit précédemment quelles étaient les qualités principales des charbons de chaque couche, au point de vue de leur emploi dans l'industrie, et nous avons pensé, d'après leur examen, devoir les ranger dans les catégories des charbons gras à longue flamme.

Nous ajouterons à ce qui a été dit que le charbon de la première couche est très-propre à l'alimentation des usines à gaz et donne un pouvoir éclairant remarquable.

Le tableau ci-après donne les analyses faites à diverses époques des charbons des deux couches, ainsi que du coke :

______

(1) *Étude géologique sur Blanzy*, par M. Manigler. — *Bulletin de l'Industrie minérale*, 1re série, t. V.

Tableau A. Essais des charbons de Ronchamp.

PROVENANCE ET DATES.	RENDEMENT OU ANALYSE IMMÉDIATE					OBSERVATIONS.
	Cendres comprises.			Cendres déduites.		
	Carbone.	Matières volatiles	Cendres.	Carbone.	Matières volatiles	
Houille.						
26 *mai* 1851.						
Puits St-Charles, 1re couche.	62.60	32.00	5.40	66.17	33.83	Essai fait au laboratoire de l'Ecole des mines de Paris.
3 *janvier* 1859.						
Puits St-Charles, 1re couche.	61.92	31.32	6.76	66.38	33.62	Id.　　id.　　Moyenne de divers échantillons.
Puits St-Joseph, id.....	68.86	25.47	5.67	73.00	27.00	Id.　　id.　　id.　　id.　　id.
Id.　id.　id., 1860..	71.00	25.60	3.40	73.50	26.50	Id.　　id.　　id.　　id.　　id.
Moyenne.......	66.09	28.59	5.31	69.76	30.24	
Coke.						
7 *janvier* 1864.						
Coke du puits St-Joseph.....	90.32	0.36	9.32	99.60	0.40	Essais faits au laboratoire de M. Boutmy. — Paris.

Cendres du coke. — Analyse élémentaire.

Argile siliceuse blanche.............................. 87.20		
Alumine et oxyde de fer............................. 11.76	Id.　　id.　　id.	
Chaux, etc., traces................................. 1.16		
100.00		

Dosage du soufre contenu dans le coke.

Soufre libre, traces................................. »		
Soufre à l'état de sulfate............................ 0.012	Id.　　id.　　id.	
Id.　à l'état de sulfure 0.480		
Soit moins de cinq millièmes.......... 0.492		

Pouvoir calorifique déterminé par M. Boutmy........ 87.40	Densité du charbon.................................. 1.245
Un poids égal de carbone pur correspond à.......... 100	Id.　　du coke.................................... 1.140

Analyses
élémentaires.

En 1860, diverses analyses élémentaires faites avec tout le soin possible au laboratoire de l'Ecole des Mines de Paris, sur des échantillons choisis provenant du puits Saint-Joseph ont donné les résultats suivants :

Carbone	88.00
Hydrogène.	**5**.10
Oxygène.	2.00
Azote	1.10
Eau hygrométrique.	0.40
Cendres siliceuses	3.40
	100.00

Par la calcination en vase clos, cette houille a donné 74.4 p. %/₀ de beau coke bien aggloméré.

Le procès-verbal de ces essais, signé d'un nom qui fait autorité, Rivot, ajoute la mention suivante (1) :

« D'après le tableau de M. Regnault, ce combustible devrait « être classé parmi les houilles grasses et dures, entre la « houille d'Alais (Rochebelle) et la houille de Rive-de-Gier. »

Ainsi, d'après le savant professeur, la houille de Ronchamp reste dans la catégorie des charbons gras, mais non à longue flamme. M. Gruner, dans son remarquable travail sur la classification des houilles du bassin de la Loire (2), dit, à propos des caractères physiques des combustibles minéraux, que les houilles sont d'autant plus noires qu'elles sont plus riches en carbone, et d'autant plus brunes, au moins réduites en poussière, qu'elles sont plus oxygénées.

De ces deux caractères, le premier, la couleur brune, répond parfaitement, comme nous l'avons vu à la houille de Ronchamp ; mais le second, se rapportant à la quantité d'oxygène,

---

(1) *Bulletin de la Société industrielle de Mulhouse*, t. VI, livre 2ᵐᵉ, p. 410.

(2) *Annales des mines*, 5ᵐᵉ série, t. II, 1852.

semblerait, comme l'indique également Rivot, la faire exclure des houilles à longue flamme.

Si, en principe, nous avons maintenu la dénomination de houille à longue flamme pour la houille de Ronchamp, c'est pour ne pas lui donner la dénomination de courte flamme qui, je crois, lui conviendrait moins encore et, pour ne pas nous servir d'une appellation qui n'existe pas et qui serait plus exacte, celle de moyenne flamme ; nous avons donc conservé la première.

En étudiant ce charbon au point de vue de son pouvoir calorifique, comparé à celui d'autres combustibles, nous arriverons à lui donner, dans la classification le rang qu'il doit. occuper.

D'après les essais faits à Paris, au laboratoire de M. Boutmy, j'ai déjà indiqué que le pouvoir calorifique des charbons du puits Saint-Joseph, première couche, était de 87.4, celui du carbone pur étant pris pour unité et égal à 100, chiffre trèsélevé d'après lequel M. Gruner le rangerait encore dans la catégorie des houilles grasses à courte flamme, auxquelles ce savant ingénieur attribue un pouvoir de vaporisation en grand, pouvant dépasser 8ᵏ d'eau par kil. de combustible, qui est le chiffre des bonnes houilles du bassin de Newcastle.

Nous allons voir, en analysant un travail plus récent que celui de M. Gruner, que le pouvoir de vaporisation du charbon de Ronchamp dépasse fréquemment ce chiffre.

Les essais du laboratoire de l'Ecole des mines de Paris déjà cités donnent pour le pouvoir calorifique les chiffres suivants :

Houille du puits Saint-Charles, 1ʳᵉ couche 80.21

    Id.   id.   id.   2ᵐᵉ id. 75.23

    Id.   id.   Saint-Joseph, 1ʳᵉ id. 81.54

un peu inférieurs à ceux de M. Boutmy.

MM. Scheurer, Kestner et Ch. Meunier ont publié, en février 1868, dans le *Bulletin de la Société industrielle de Mulhouse*, un remarquable travail sur la combustion de la houille, dans lequel le charbon de Ronchamp joue un grand rôle et auquel nous renvoyons le lecteur pour un grand nombre de détails très-intéressants sur les procédés d'expérimentation employés et sur les résultats obtenus.

Nous nous contenterons d'en extraire ce qui est plus particulier à Ronchamp et à la détermination du pouvoir calorifique absolu de sa houille *ou la chaleur obtenue par sa combustion complète et sans aucune perte.*

Après avoir prélevé des échantillons avec un très-grand soin et en opérant par la méthode des partages fractionnés sur 10, 20 et 30.000 kilogrammes, les habiles ingénieurs déterminent d'abord la composition élémentaire de la houille, son analyse immédiate, la composition de la partie volatile et l'essai calorimétrique.

Le tableau suivant résume la série des essais de quatre échantillons et donne des moyennes qui représentent très-exactement la valeur des charbons au quadruple point de vue indiqué :

Tableau B.   Analyses et essais calorimétriques des houilles de Ronchamp.

DATES des ÉCHANTILLONS.	ANALYSE ÉLÉMENTAIRE.						ANALYSE IMMÉDIATE. Rendement.	
	Carbone.	Hydrogène.	Eau.	Azote.	Oxygène.	Cendres.	Coke.	Matières volatiles.
1865. — 1er échantillon pris sur 20 wagons	76.46	4.33	»	1.03	3.06	15.01	76.62	21.38
1865. — 2e échantillon prélevé sur un wag. de 10.000k	65.65	3.97	0.77	1.00	4.75	20.80	79.40	20.60
1868. — 3e échantillon prélevé sur 30.000k	70.23	4.06	»	1.00	5.91	12.80	75.10	24.90
1868. — 4e échantillon prélevé sur 10.000k	73.10	3.75	1.09	1.00	4.87	16.19	»	»
Moyennes	73.61	4.0425	0.465	1.0375	4.615	15.20	77.05	22.95

On remarque tout d'abord :

1° Que dans ces analyses qui sont faites sur des charbons livrés à l'industrie et non sur des échantillons choisis, la quantité de carbone est notablement inférieure à ce qu'elle a été trouvée dans les analyses de 1851, 1859 et 1860, faites à l'École des Mines de Paris sur des échantillons qui ne tenaient que 3.40 à 6.76 p. % de cendres ; c'est ce qui explique la haute teneur en carbone de ces analyses.

2° Que la teneur en matières combustibles est également inférieure aux résultats du premier tableau, ce qui peut être dû à une plus grande quantité de charbon de la deuxième couche dans les houilles expédiées et à leur plus grande impureté.

3° Que si l'on compare entre elles les analyses élémentaires, on est frappé de cette circonstance que la quantité d'oxygène passe de 2 à 4.645 p. %, ce qui tendrait à faire sortir ces charbons de la catégorie des houilles à courte flamme, dont la teneur en oxygène ne dépasse guère, d'après M. Gruner,

COMPOSITION DE LA PARTIE VOLATILE.				ESSAI CALORIMÉTRIQUE.				OBSERVATIONS.
Carbone.	Hydrogène.	Oxygène.	Azote.	Prise d'essai.	Cendres p. %.	Calories pour 1 gr. de substance. Brute.	Sans cendres.	
63.41	18.58	13.12	4.80	0.3870 gr.	12.80	79.76	91.63	Houille marchande et provenant des 2 couches, ce qui explique sa haute teneur en cendres.
50.49	20.19	23.98	5.34	0.3836	14.63	76.35	89.46	Houille très-impure.
55.98	16.28	23.74	4.00	0.3726	13.20	78.35	90.81	Houille ordin.e marchande.
56.10	15.47	24.18	4.25	0.3898	13.72	77.75	91.47	Id. id.
55.495	17.630	21.255	4.620	0.3831	13.50	78.03	90.77	

que 3 à 3.5 p. %, si l'on défalque des chiffres donnés dans son mémoire 1.00 p. % représentant la proportion d'azote que tiennent en général les houilles de cette classe.

En résumé, on peut dire que les houilles de Ronchamp, par l'ensemble de leur qualité comme par les résultats donnés par l'analyse, aussi bien que par les essais calorimétriques, tiennent le milieu entre les charbons gras à courte flamme et ceux à longue flamme.

De son emploi sous les générateurs. Par suite du chiffre élevé de son pouvoir calorifique, on doit pouvoir déduire à priori une haute puissance de vaporisation ; c'est aussi ce que les résultats pratiques obtenus sous les nombreux appareils à vapeur de l'Alsace ont toujours démontré et ce que MM. Scheurer, Kestner et Ch. Meunier, dans la 3me partie de l'ouvrage déjà cité, ont prouvé d'une manière catégorique.

L'emploi de ces charbons sur les grilles des générateurs à vapeur, particulièrement à l'état de menu marchand, exige certaines précautions pour obtenir le meilleur rendement.

Ces difficultés du chauffage avec le charbon de Ronchamp proviennent particulièrement de la nature siliceuse des cendres, par conséquent très-peu fusibles, encrassant les grilles et arrêtant le tirage, si le chauffeur n'a pas la précaution de décrasser à temps voulu et de conduire le chauffage d'une certaine manière. Il était résulté de cet état de choses, dans le principe, un certain mauvais vouloir de la part des chauffeurs contre l'emploi de ce charbon qui nécessitait de leur part un plus grand travail et plus de surveillance.

La Compagnie de Ronchamp prit le parti d'avoir à son compte un maître-chauffeur et de le choisir parmi ceux qui avaient obtenu des primes dans les concours de chauffage établis à Mulhouse, concours qui avaient toujours lieu avec les charbons de la mine.

Ce maître-chauffeur avait pour mission d'aller à tour de

rôle chez les consommateurs surveiller le chauffage et enseigner pratiquement le meilleur mode d'utiliser le combustible. Les chefs d'industrie y trouvaient leur avantage, car l'économie pouvait aller jusqu'à 25 et 30 p. % du combustible employé, et la mine gagnait des clients qui jusque-llà étaient restés réfractaires à l'emploi de la houille de Ronchamp.

Dans cet ordre d'idées, la mine rédigea, à diverses reprises, des instructions sur l'usage de ses charbons et les distribua aux consommateurs sous forme de conseils.

Voici celle qui fut publiée en décembre 1860, et qui est encore pratiquée par les bons chauffeurs :

Sous les chaudières habituellement employées en Alsace, alors même qu'elles offrent d'assez grandes surfaces de chauffe, on brûle généralement la houille de Ronchamp, à l'aide d'un excès d'air nuisible. Des essais rapportés dans le *Bulletin de la Société industrielle de Mulhouse* (février à juillet 1860) indiquent quelles sont les quantités d'air qui conviennent au maximum de rendement ; elles sont de beaucoup inférieures à celles généralement employées. Il est difficile d'obtenir des chauffeurs qu'ils ne fassent pas passer un excès d'air sur la grille ; or, les essais précités accusent entre 17 mètres cubes et 8 mètres cubes d'air employé par kilogramme de houille, des différences de rendement de plus de 15 p. %. Les houilles maigres sont moins difficiles à brûler avec un tirage réduit.

Il résulte de ces considérations que si l'on veut obtenir de la houille de Ronchamp tout le rendement dont elle est susceptible lorsqu'on la compare à des houilles maigres qui lui sont généralement très-inférieures, il convient de veiller surtout à ce que le chauffeur ne donne pas un excès de tirage. Autrement, il pourrait arriver ce qui a été bien souvent le cas lorsqu'on a comparé des houilles maigres brûlées avec une faible alimentation d'air à du charbon de Ronchamp employé avec un excès de tirage : c'est qu'on ne trouvait pas une différence de rendement sensible, alors qu'en réalité, si l'on eût brûlé les deux houilles avec des quantités d'air à peu près pareilles, le rendement de la houille de Ronchamp eût été de beaucoup supérieur à l'autre.

Les considérations qui précèdent ne sont pas applicables aux chaudières suivies d'appareils réchauffeurs, dans lesquelles l'eau d'alimentation chemine en sens inverse des gaz résultant de la combustion. Dans ces appareils, lorsqu'ils ont une surface de chauffe suffisante, on peut employer sans inconvénient un tirage énergique et arriver à un excellent rendement (bien supérieur à celui des chaudières à bouilleurs ordinaires), au moyen d'une combustion plus parfaite au foyer et d'un refroidissement convenable de la fumée au registre.

Les grilles à employer pour brûler convenablement la houille de Ronchamp doivent être formées de barreaux ayant pour épaisseur 14 à 16 millimètres et un jeu de 6 millimètres environ entre les barreaux. La longueur des grilles ne doit dépasser en aucun cas $1^m,70$ et rester de préférence au-dessous de ce chiffre. Lorsqu'on veut faire usage de grilles d'une grande surface, $1^m,60$ de longueur sur $1^m,25$ de large sont des proportions convenables.

Les charges doivent être fréquentes, celles de 8 à 10 kil. sont bien préférables à celles usitées ordinairement, lesquelles dépassent souvent 20 kil.

L'allumage est plus difficile avec la houille de Ronchamp qu'avec les autres houilles moins grasses ; il faut donc le commencer le matin de meilleure heure (environ quinze à vingt minutes) que pour les houilles maigres.

Lorsque le feu est en marche, il faut ringarder le moins possible entre les charges, afin de ne pas introduire trop souvent de l'air froid par la porte du foyer ; quelques coups de ringard en une fois à chaque demi-heure pourront suffire si le chauffeur a convenablement réparti ses charges sur la grille et si l'allure du foyer n'est pas trop active. En opérant avec le ringard, il faut piquer, non remuer. On pourra ringarder un peu plus souvent cependant si le feu est trop poussé. La nécessité de cette opération pour une houille grasse, telle que celle de Ronchamp, est au premier abord une cause de fatigue pour le chauffeur qui n'est habitué qu'à des houilles maigres que l'on ne ringarde pas, quel que soit d'ailleurs pour ces houilles le manque de soins avec lequel on les étale sur la grille.

Lorsque la grille commence à être chargée de scories, si le chauffeur laisse le foyer durant un trop long espace de temps sans l'alimenter de houille, il y aura formation de plaques composées de scories agglutinées (gâteaux) qui tendront à adhérer aux barreaux et à intercepter le passage de l'air en brûlant les barreaux. Que si cet accident arrivait, un nettoyage complet deviendrait indispensable ; mais il faut tâcher de l'éviter, ce à quoi le chauffeur arrivera avec des soins et de l'attention.

Il n'y a jamais avantage à forcer le feu pour éviter un nettoyage, lorsque le besoin en est arrivé, même une heure avant l'arrêt de la chaudière.

Pour opérer ce nettoyage, on aura soin d'avoir une assez forte quantité de houille en feu sur la grille ; on repoussera derrière l'autel le combustible enflammé après avoir fermé le registre autant que possible, et on sortira les scories à la manière ordinaire ; puis on ramènera le feu sur la grille, et, après une charge nouvelle, on introduira d'abord un léger excès d'air pour pousser l'allumage. L'allumage opéré, on remettra le registre à l'ouverture minima, pour l'ouvrir ensuite graduellement à mesure que la grille se rechargera de scories. Un foyer, de nature même très-active, n'a pas besoin d'être nettoyé plus de deux fois par jour.

Les conseils qui suivent peuvent s'appliquer à la houille de Ronchamp aussi bien qu'aux autres houilles : proscrire absolument l'emploi des manomètres « Bourdon, » parce que la course réduite de l'indicateur ne permet pas de suivre avec précision les moindres variations de pression. Donner au chauffeur les moyens réellement pratiques d'avoir à chaque instant sous sa main le robinet d'alimentation et la clé de manœuvre du registre ; ces deux clés devraient se trouver, contrairement à ce qui se pratique généralement, placées à côté de la porte du foyer. Ne pas rapprocher trop la grille des bouilleurs ; l'en tenir à environ 50 centimètres de distance, dans le but de ne pas refroidir la flamme par contact trop immédiat avec les bouilleurs. Adopter enfin les appareils réchauffeurs qui peuvent dans presque tous les cas s'appliquer à une chaudière déjà montée, quelles que soient d'ailleurs les conditions d'emplacement, puisque au besoin on peut les disposer au-dessous du générateur. Les appareils permettront d'employer un tirage énergique tout en donnant la possibilité de refroidir la fumée au-dessous de 200°. Cette alimentation d'air considérable facilitera au chauffeur sa tâche, car il est toujours difficile d'obtenir des ouvriers une diminution de tirage, lorsque la disposition des appareils comporte l'appel d'un excès d'air.

On doit avec la houille de Ronchamp obtenir 6 $^1/_2$ litres d'eau vaporisée par kilogramme de houille (eau réduite à 0°) avec une chaudière à bouilleurs bien disposée et une convenable alimentation d'air et 7 $^1/_2$ litres d'eau au minimum, avec une chaudière à bouilleurs suivie de réchauffeurs d'une surface suffisante avec une alimentation d'air de 13 à 15 mètres cubes.

On pourra être assuré, lorsqu'on n'arrivera pas aux chiffres ci-dessus, que l'on est au-dessous de la limite qu'il est possible d'atteindre dans l'état actuel de nos connaissances.

Il n'y a pas de houille usitée en Alsace qui ait donné des rendements aussi forts.

(Voir le *Bulletin de la Société industrielle*, numéros de

CHAUDIÈRE DU PARAGE Nº 2. — DOLLFUS MIEG & Cᵉ.

Établissement : Parage.

(Chaudière de Concours de la Direction industrielle de 1881.)

JOURS de LA SEMAINE	PRESSION				TEMPÉRATURE MOYENNE								HOUILLE BRULÉE			SCORIES	EAU TOTALE						AIR TOTAL				ESCARBILLES			ANÉMOMÈTRES	
Lundi	7	[illegible]																												Repos.	[illegible]
Mardi	8	[illegible]																												Id.	[illegible]
Mercredi	9	[illegible]																												Id.	[illegible]
Jeudi	10	[illegible]																												Couvert.	[illegible]
Vendredi	11	[illegible]																												Id.	[illegible]
Samedi	12	[illegible]																												Beau.	[illegible]
Totaux																															[illegible]
Moyennes																															[illegible]

OBSERVATIONS DIVERSES. — **Chauffeur** : [illegible], surveillant de la machine à vapeur.

Surveillant du compteur à eau : [illegible]. — **Nature de la houille brulée** : [illegible].

février à juillet 1860, contenant le rapport du comité de mécanique sur le concours des chaudières.)

Le rendement minimum de 7 litres $^1/_2$ d'eau évaporée indiqué dans cette instruction dépend, comme on doit s'y attendre, de l'agencement et de l'état de la chaudière.

Nous verrons tout-à-l'heure que, avec des générateurs à foyer intérieur et tube réchauffeur, on peut atteindre 8,5 et dépasser même 9 litres d'eau vaporisée. Le type de chaudière le plus employé en Alsace comprend un corps cylindrique de $1^m,10$ de diamètre avec trois bouilleurs de $0^m,50$ et 8 mètres de long comme la chaudière.

On a reconnu par des expériences directes que c'était en pure perte que l'on allongeait démesurément les générateurs et que la longueur de 8 mètres (quelques constructeurs descendent même au-dessous) était la plus convenable. On a constaté également que la presque totalité de la vaporisation était produite par le rayonnement direct du foyer sur les surfaces en contact avec les flammes, par ce que l'on appelle la surface directe de vaporisation, c'est la raison qui a porté les constructeurs à agrandir le plus possible cette surface en plaçant trois bouilleurs aux chaudières et en établissant de larges foyers.

Voici quelques résultats de chauffage obtenus soit à Ronchamp, soit chez divers industriels de Mulhouse.

1° Essais faits chez MM. Dollfus-Mieg, en 1861.

(Voir le tableau ci-contre.)

2° Essais faits à Ronchamp, en 1872.

Ces essais ont été faits par le maître-chauffeur Buch, aux trois générateurs du ventilateur du puits d'Eboulet, à bouilleurs sans réchauffeurs. L'alimentation est faite par un Giffard.

DATES.	PROVENANCES.	Quantités brûlées.	Eau totale vaporisée.	Scories obtenues.	Eau vaporisée par kg. de houille.	Scories pour 100 kg.	OBSERVATIONS.
	Eboulet 6/10, St-Charles 4/10.	7530k	51252l	1315k	6l.84	17.46	
	St-Joseph 6/10, Ste-Paulne 5/10.	7310	52084	1089	7.21	14.70	
	St-Jh grêle 4/10, Ste-Paulne 6/10.	3550	24344	714	6.85	20.00	
	Eboulet................	3580	24344	671	6.80	19.00	
	Ste-Pauline..............	6600	47256	1153	7.16	17.47	
	St-Joseph...............	7325	48688	1580	6.65	21.56	
	St-Charles.	3150	21480	756	6.81	24.00	
Avril 1873..	Ronchamp, tout-venant....	1025	8750	160	8.53	15.60	Expérience faite sur une chaudière à foyer intérieur de l'usine Ferguson :
	Id. id.........	1050	9100	200	8.66	19.00	1° La chaudière pas nettoyée. Il y a un réchauffeur.Tempé-
	Total..........	2075	17850	360	8.60	17.30	rature de l'eau, 28°.
Id.	Ronchamp	1100	10015	170	9.10	15.45	2° Chaudière et car- meaux propres.
12 août 1874.	Ste-Pauline..............	1900	11520	385	6.06	20.26	
13 » ..	Id..............	1845	11520	400	6.24	21.08	Ces essais ont été
14 » ..	Id..............	1640	10080	415	6.59	25.30	faits sur les trois
20 » ..	Id..............	1440	10080	300	7.00	20.13	chaudières d'Ebou-
21 » ..	Id..............	1600	11520	280	7.20	17.50	let marchant en-
22 » ..	Id..............	1600	11520	320	7.20	20.00	semble.
24 » ..	Eboulet..............	1450	10080	320	6.04	22.75	
25 » ..	St-Joseph..............	1800	12960	385	7.20	21.37	
26 » ..	Id..............	1600	11520	320	7.20	20.00	
27 » ..	St-Charles..............	1700	10080	490	5.90	28.29	
28 » ..	Id..............	1625	10080	520	6.20	32.00	

3° Essais de MM. Scheurer-Kestner et Ch. Meunier, en 1868.

Le but que se proposaient ces habiles ingénieurs, en procédant à ces essais, était avant tout scientifique, et il devait élucider certaines questions relatives à la combustion qui, jusqu'alors, n'étaient qu'imparfaitement connues, et, à ce point de vue, on doit reconnaître qu'il a été largement et savamment atteint.

Mais ce travail avait un autre but non moins intéressant et plus pratique, celui d'éclairer les nombreux industriels de l'Alsace sur le choix du meilleur combustible, au point de vue du rendement, ce qui devait leur permettre d'utiliser telle ou telle sorte de charbon, dont le rendement était relativement faible ; mais dont le prix de revient était plus faible encore.

C'est ainsi, en particulier, que la maison Dollfus-Mieg, dont la consommation s'élevait à 15 ou 18.000 tonnes par année, avait avantage à délaisser complètement les charbons à forts rendements de Ronchamp qu'elle aurait payés 26 à 28 francs, pour ne consommer que des menus de Saarbruck qui ne lui revenaient pas à plus de 12 fr. à son usine. C'est dans cet ordre d'idées que dans l'introduction de ce travail je dis que les nouveaux associés de Ronchamp, gros industriels de l'Alsace, ne pouvaient, dans une certaine mesure, voir concorder leurs intérêts propres avec ceux de la mine.

Je reviens aux essais de MM Scheurer-Kestner et Charles Meunier qui, d'après ce qui vient d'être dit, n'eurent pas seulement à porter leur examen sur l'emploi pratique du Ronchamp, mais également sur tous les charbons qui arrivaient sur le marché de l'Alsace, tels que ceux des diverses mines de Saarbruck, de Blanzy, du Creusot et des mélanges en diverses proportions de ceux de Ronchamp et des autres mines.

Chaque essai fait avec toute la précision que comporte ce genre d'opération donnait lieu à neuf sortes d'observations dont quelques-uns se faisaient d'heure en heure.

Elles portaient sur les points suivants :

1° Pesée de la houille consommée ;

2° Mesure de l'eau vaporisée ;

3° Contrôle du volume mesuré par le débit de la pompe alimentaire ;

4° Pesée des cendres ;

5° Prise et analyse des gaz ;

6° Température de l'eau d'alimentation ;

7° Température de l'eau à l'entrée dans les réchauffeurs ;

8° Température du gaz passant par la cheminée ;

9° Hauteur du mercure dans le manomètre.

Puis les résultats bruts obtenus, il y avait lieu pour chaque essai à faire les calculs et les corrections relatives à la température de l'eau et à la teneur en cendres.

En réunissant toutes les données, on forme ainsi le tableau ci-contre qui résume tous les résultats obtenus. (*Voir le tableau.*)

La différence que l'on remarque dans ce tableau entre les chiffres des calories provenant de la vapeur et celui produit en totalité par le combustible, résulte des calories perdues dans les gaz par le refroidissement des surfaces en contact avec les flammes et le rayonnement.

D'après les auteurs de ces essais, on peut admettre que l'on ne recueille, dans les circonstances déterminées dans lesquelles ils ont opérés, que 60 p. % du calorique développé par la houille.

Les pertes se répartissent comme suit :

7 p. % par suite de mauvaise combustion.

7 ½ p. % entraînés par le gaz dans la cheminée.

24.5 p. % par le rayonnement du foyer et le refroidissement des maçonneries.

<table>
<tr><td style="width:18%; vertical-align:top;">

Description de la chaudière qui a servi aux essais.

</td><td>

Le générateur qui a servi aux essais est une chaudière à trois bouilleurs, munie de six tubes réchauffeurs latéraux.

Les dimensions principales sont les suivantes :

</td></tr>
</table>

Longueur de la chaudière.	6^m,60
Diamètre	1,20
Longueur des bouilleurs	7,87
Diamètre	0,50
Longueurs des réchauffeurs	7,87
Diamètre	0,50
Surface de chauffe des bouilleurs	28^{mq},00
Id. id. de la chaudière	12,00
Id. totale	40,00
Id. des réchauffeurs	71,00
Id. totale, compris les réchauffeurs	111^{mq},00

ESSAIS DES COMBUSTIBLES SOUS LES CHAUDIÈRES À VAPEUR

PROVENANCE	DATES	Eau	Carbone	Hydrogène	Cendres	Azote et oxygène (agglomérés)	Azote seul	Oxygène seul	Calories par la vapeur	Calories en calorie	Combustible consommé	Scories en totalité	Scories p.%
Bouchamp, 1re série	Mai 1868	6,53	75,02	4,04	12,54	3,83	»	»	5567	7994	4877	847	17,3
Bouchamp, 2e série	Juin 1868	1,79	75,10	5,77	18,19	5,87	»	»	5769	7192	3780	596	15,6
Saarbruck, Friedrichsthal	Avril 1868	1,69	67,81	4,15	12,39	»	0,50	13,30	4505	6522	4259	800	17,8
Saarbruck, Dudweiler	Mai 1868	1,75	71,20	4,10	13,55	9,65	»	»	5960	6451	4259	680	16,0
Saarbruck, Louisenthal	Mai 1868	3,57	61,09	3,91	12,98	15,52	»	»	4588	6161	4902	655	13,4
Saarbruck, Altenwald	Mai 1868	2,54	68,30	4,96	13,20	10,50	»	»	3959	6376	4090	543	13,7
Saarbruck, Reinitz	Juin 1868	1,79	70,33	4,30	11,57	12,01	»	»	4017	6375	4340	633	9,06
Saarbruck, Von der Heydt	Sept. 1868	2,7	70,91	4,54	10,46	11,65	»	»	4883	6867	5190	700	13,6
Blazzy, Houillères Montceny	Sept. 1868	4,50	66,91	4,45	10,38	13,72	»	»	4672	6367	1020	580	12,0
Stangy, anthracite Bosphore	Oct. 1868	3,01	67,04	3,61	30,55	6,39	»	»	5511	8952	5902	825	24,4
Creusot, anthracite	Oct. 1868	1,79	87,28	3,95	3,68	3,74	»	»	5818	7363	1158	1008	8,9
Creusot, Ronchamp, 1re série	Déc. 1868	1,90	88,60	3,72	7,05	4,45	»	»	6580	7369	3128	480	13,4
Creusot, Ronchamp, 2e série	Oct. 1868	1,90	78,90	3,40	11,88	4,55	»	»	6181	7382	4565	730	15,9

PROVENANCE	Eau vaporisée	Rendement brut	Rendement après correction	Gaz air en excès (%)	Gaz acide carbonique (%)	Gaz azote (%)	Tension de la vapeur (v.m.)	Temp. Eau	Temp. Dégagement des gaz	Temp. Fumée	Temp. Air	OBSERVATIONS
Bouchamp, 1re série	33841	7,35	8,74	94,7	13,8	61,5	4,35	100,3	60,8	1,58	78,5	Le rendement supérieur de la 2me série provient de ce que, dans la 1re série, l'alimentation d'air a été insuffisante.
Bouchamp, 2e série	29080	7,81	9,16	29,1	12,9	58,0	4,84	13,4	70,6	1,28	37,5	
Saarbruck, Friedrichsthal	30670	6,89	7,73	29,3	12,2	56,5	4,71	10,0	66,>	115	20,6	»
Saarbruck, Dudweiler	29165	8,92	8,45	32,5	12,1	56,1	4,00	13,2	66,2	121	16,4	»
Saarbruck, Louisenthal	30407	6,36	7,90	30,5	12,8	57,7	4,38	15,6	71,=	117	19,4	»
Saarbruck, Altenwald	39809	7,31	8,27	32,2	12,0	51,8	4,80	12,2	73,>	149	22,5	»
Saarbruck, Reinitz	30075	7,15	7,83	27,1	13,3	50,6	4,97	18,1	53,»	134	29,2	»
Saarbruck, Von der Heydt	34895	6,65	7,72	30,0	12,7	57,3	4,30	13,4	73,9	112,5	17,0	»
Blazzy, Houillères Montceny	39082	5,52	7,11	23,9	14,0	63,5	4,80	17,7	64,5	7,10	16,2	»
Stangy, anthracite Bosphore	26820	4,76	8,09	30,5	13,6	57,9	4,58	17,7	64,2	175	16,2	»
Creusot, anthracite	9717	2,31	2,15	57,6	8,9	43,5	4,69	16,0	72,»	144	15,9	»
Creusot, Ronchamp, 1re série	27190	8,71	9,53	36,9	11,4	32,4	4,77	13,6	65,»	132	10,7	Proportion du mélange : Creusot, 2/3, Ronchamp, 1/3.
Creusot, Ronchamp, 2e série	27368	8,12	9,68	36,5	11,8	55,0	4,71	13,5	62,»	115	5,9	id. id.

Surface de chauffe directe. 3,00
Longueur de la grille 1,40
Largeur   id.   1,365
Surface   id.   1,910
Capacité de la chaudière . . . . 12^{m^3},00
   Id.   des réchauffeurs. 9,00
Volume occupé par l'eau dans la chaudière . . 9,500
Volume occupé par la vapeur 2,500
Surface de chauffe par mètre cube d'eau dans la
chaudière . . . . 4^{mq}·,20

La grille est inclinée sur sa longueur de $105^{m}/^{m}$ de l'arrière à l'avant. La distance des barreaux aux bouilleurs du milieu à l'avant est de 0^{m},590, à l'arrière de 0,485.

Les gaz, avant d'entrer dans la cheminée, lèchent successivement les trois bouilleurs, puis les tubes réchauffeurs.

La conséquence que l'on doit tirer du tableau précédent et qui est de nature à satisfaire hautement les intérêts de Ronchamp, c'est que les charbons de ce bassin peuvent vaporiser pratiquement de 8^{l}·,72 à 9^{l}·,16 d'eau par kil. de combustible, soit 15 à 20 p. % de plus que le Blanzy-Montceau et 12.67 p. % de plus que la moyenne des houilles du bassin de la Sarre.

Ce résultat était traduit sur le marché de l'Alsace en attribuant à la valeur du Ronchamp une plus-value de 10 p. % sur le prix courant des autres charbons.

Comme on le voit, MM. les industriels n'étaient pas trop tendres pour le Ronchamp.

M. Gruner, dans un mémoire publié en 1873, t. IV des *Annales des Mines*, sur la classification et le pouvoir calorifique des houilles, résume d'une manière magistrale tout ce qui a été dit sur ce sujet.

Le tableau suivant indique les propriétés caractéristiques des cinq classes de houille que le savant professeur groupe d'après leur teneur en carbone et leur pouvoir calorifique :

CLASSES OU TYPES des houilles proprement dites.	Proportion du coke p. °/₀ de houille pure.	Proportion de matières volatiles p. °/₀ de houille pure.	NATURE et aspect du coke.	Pouvoir calorifique (calories).	Pouvoir calorifique industriel. — Eau à 0° vaporisée à 142 par kg. de houille pure.
1° Houilles sèches à longue flamme.	55 à 60	45 à 40	Pulvérulent ou légèrement fritté.	8000 à 8500	6ˡ.70 à 7ˡ.50
2° Houilles grasses à longue flamme, charbon à gaz.	60 - 68	40 - 32	Complètement aggloméré et le plus souvent fondu et poreux.	8500 - 8800	7.60 - 8.30
3° Houilles grasses proprement dites, charbon de forge.	68 - 74	32 - 26	Fondu et plus ou moins boursouflé.	8800 - 9300	8.40 - 9.20
4° Houilles grasses à courte flamme, charbon à coke.	74 - 82	26 - 18	Fondu et compacte.	9300 - 9600	9.20 - 10.00
5° Houilles maigres ou anthraciteuses.	82 - 90	18 - 10	Légèrement fritté, le plus souvent pulvérulent.	9200 - 9500	9.00 - 9.50

Il devient facile, en consultant les données de ce tableau, de classer parfaitement le charbon de Ronchamp.

Si nous prenons, en effet, les analyses immédiates faites par l'Ecole des Mines, tableau A, en laissant celles de MM. Scheurer, Kestner et Ch. Meunier, tableau B, que la grande teneur en cendres accusée rend peu comparables sous le rapport de la quantité de matières volatiles, nous trouvons pour la composition moyenne de ces houilles :

Proportion du coke p. °/₀ de houille pure. 69.76

Matières volatiles 30.24

Nature du coke : Au four Appolt, fondu et compact dans la masse. La partie supérieure est boursouflée. Grande densité.

Pouvoir calorifique. Calories 90.77

Id. de vaporisation . . . . 8ˡ·,72 à 9ˡ·,16

On voit, d'après ces indications, que le charbon de Ronchamp se classe parfaitement dans la 3ᵐᵉ série, mais assez près de la 2me pour les deux premiers caractères, et assez près de la 4me pour le 3me et 4me caractères ; enfin, il reste tout à fait dans la 3me pour le dernier caractère.

En résumé, comme nous l'avons déjà dit, le charbon de Ronchamp, sans être un charbon de forge proprement dit, tient le milieu entre les houilles grasses à longue flamme et celles à courte flamme.

Flore du terrain houiller.

Les schistes qui existent au toit des couches, et particulièrement au-dessus de la première couche, renferment un assez grand nombre d'empreintes végétales souvent parfaitement conservées.

M. Thirria les rapporte aux espèces suivantes :

Pecopteris serlii, P. acuta, P. debilis, Annularia longifolia, A. radiata, Poacites striatus, Poac. æqualis, Calamites decoratus, Cal. cruciatus, Asterophyllites longifolius, auxquelles on peut ajouter des sphenopteris, des Stigmaria ficoïdes, des Cyclopteris, des sigillaria, etc.

D'après M. Grand'Eury, qui a visité Ronchamp (1), on y rencontrerait un certain ensemble de plantes identiques à celles de la Combelle, près Brassac. Les Fougères présenteraient plus d'analogie avec celles de Rive-de-Gier qu'avec celles de Saint-Etienne. Ce savant paléo-botaniste en conclut que les couches houillères de Ronchamp sont situées assez bas dans le terrain houiller supérieur, plutôt au-dessous qu'en dessus de l'étage des Cordaïtes qui sont très-peu connues dans les schistes houillers de la Haute-Saône.

Je pense que cet auteur est plus près de la vérité quand il assimile le faisceau houiller de Ronchamp aux couches d'Epinac, et quand il pense qu'il peut y avoir des rapports de

---

(1) *Flore carbonifère du département de la Loire*, par M. Grand'Eury, t. II, page 553.

formation continue qui réunissent souterrainement le terrain houiller de Saône-et-Loire à celui de la Haute-Saône.

Recherches de la Serre. Il y a quelques années, des recherches furent entreprises au pied de la montagne de la Serre, près Dôle, sur un affleurement de terrain houiller ou plutôt du terrain permien que l'on considérait à tort ou à raison comme le relèvement du bassin de Ronchamp vers le Sud. On a reconnu, dans les argiles permiennes retirées d'un puits foncé sur ces affleurements, une empreinte de Walchia pinniformis, caractéristique de ce terrain. Ces recherches n'ont malheureusement pas été poursuivies.

Formation du terrain houiller et origine de la houille.

Je ne puis terminer l'étude du terrain houiller de Ronchamp sans émettre les idées qui me paraissent les plus probables sur sa formation, ainsi que sur celle des couches de charbon qu'il renferme et sur l'origine de la houille en général.

Depuis que l'on exploite cette matière qui, d'abord dédaignée, est devenue de plus en plus une nécessité de l'industrie moderne et que la crainte de la voir s'épuiser a déjà jeté l'inquiétude dans les esprits, bien des hypothèses ont été émises sur son mode de formation et, aujourd'hui encore, après un siècle, on est loin d'être d'accord sur l'origine de la houille, ainsi que sur les particularités qui distinguent les dépôts houillers.

Nous ne sommes plus au temps où les naturalistes, je ne dis pas les géologues peu initiés encore au mode de formation des terrains, supposaient tout simplement que la houille se reformait de toutes pièces dans le sein de la terre (1).

Aujourd'hui, pour expliquer l'origine du combustible minéral, deux courants d'opinion assez divergents se sont fait jour.

Les uns veulent que la houille ait été produite sur place par l'accumulation de gîtes tourbeux qui ont été postérieurement

---

(1) *Du charbon de terre et de ses mines,* par le médecin Morand, 1773.

recouverts par des sables et des argiles, et soumis à des actions puissantes de pression et de température qui ont à la longue modifié les caractères physiques des végétaux ainsi enfoncés.

Les autres prétendent que les débris de végétaux qui ont donné naissance à la houille ont été amenés par des courants dans des eaux calmes et plus ou moins profondes et ont été submergés, pour être recouverts par des matières terreuses ou sableuses.

Les actions qui ont produit les premiers dépôts dans les deux cas, pouvant se reproduire et donner lieu à de nouvelles couches de combustible, en produisant une succession assez fréquente de couches minces, ou se continuer pendant un grand laps de temps, correspondant à une longue période de calme et déterminer la formation de couches puissantes.

Ces deux systèmes ont eu leurs partisans qui ont à leur tour apporté des variantes à la théorie première.

M. Burat, dont la compétence en géologie n'est pas discutable, dit, dans sa *Minéralogie appliquée*, page 148 :

« Au point de vue du géologue, les combustibles minéraux « ne sont point des minéraux proprement dits, ce sont des « débris végétaux plus ou moins transformés, de véritables « fossiles qui ont plus ou moins conservé la composition de « leur point de départ, c'est-à-dire des végétaux décomposés « par des phénomènes analogues à ceux qui donnent lieu à « la formation des tourbes.

« Dans les eaux des tourbières, les racines des végétaux qui « vivent à la surface et les plantes aquatiques qui partent du « fond forment un feutrage qui se développe facilement et « subit une décomposition particulière. La décomposition n'est « pas putride comme celle des végétaux qui pourrissent dans « nos forêts, elle a pour résultat d'isoler et de fixer le carbone. « La tourbe et les bois fossiles qu'elle renferme sont donc les « expressions actuelles de cette décomposition particulière « des végétaux que l'on appelle le *tourbage*.

« Ces phénomènes d'un grand développement de végétaux
« et de leur tourbage sur place ont existé à toutes les époques
« géologiques, on présume qu'ils ont été d'autant plus éner-
« giques que la température du globe était plus uniforme et
« plus élevée et que l'atmosphère était plus chargée d'acide
« carbonique, circonstances qui ont dû accélérer la végétation.
« Il est donc naturel de trouver dans la série géologique des
« terrains, les débris de ces actions sous forme de combus-
« tibles plus ou moins analogues aux tourbes de l'époque
« la plus moderne. Or, les combustibles minéraux que nous
« présente l'échelle géologique des terrains s'éloignent d'au-
« tant plus des tourbes qu'ils sont plus anciens. Le mode de
« décomposition aurait été d'autant plus énergique que
« l'époque était plus ancienne et il aurait eu pour effet d'en-
« lever aux végétaux des quantités d'oxygène, d'azote et
« même d'hydrogène d'autant plus grandes ; de là l'isolement
« du carbone presque complet dans les anthracites, et qui,
« pour certains terrains très - métamorphiques, va même
« jusqu'au graphite, c'est-à-dire à 96 et 98 p. %. »

Le même auteur est plus catégorique encore dans sa *Géologie
appliquée*, et les principes qu'il développe nous paraissent
être si bien l'expression des faits tels qu'ils se sont passés
que nous ne pouvons résister au désir d'extraire de cet ouvrage
ce qui est relatif à la formation des couches de houille :

Formation des couches de houille. « L'étude des végétaux fossiles de l'époque houillère nous
« donne une idée assez précise de l'état du globe à cette
« époque. Cette flore, composée seulement de cinq cents
« espèces identiques dans toutes les latitudes, se développait
« sur des plaines marécageuses, analogues à nos tourbières, et
« devait former des taillis épais, au-dessus desquels s'élan-
« çaient des fougères arborescentes, des sigilaires, des lépi-
« dodendrons et des calamites gigantesques. Une température
« élevée, une atmosphère humide et surchargée d'acide carbo-

« nique donnaient une activité toute particulière à ces foyers
« de végétation.

« Les couches de schiste charbonneux sur lesquelles on
« trouve implantées les grandes tiges doivent nécessairement
« représenter une longue période de temps, pendant laquelle
« les dépôts étaient réduits à de faibles épaisseurs d'argiles
« limoneuses. Ces dépôts argileux, abondants en empreintes,
« fortement colorés par le carbone, constituaient en quelque
« sorte une terre végétale, sur laquelle se développait la
« flore houillère et qui ne pouvait être recouverte d'une couche
« d'eau, même d'une faible épaisseur.

« Il n'est donc pas probable que les grands végétaux qui
« constituent la plupart des espèces de la flore houillère soient
« ceux qui ont produit la houille, et nous sommes conduits à
« supposer, comme dans les tourbières actuelles, deux espèces
« de végétation, l'une superficielle, l'autre aquatique et com-
« posés de végétaux herbacés qui auraient fourni la matière
« de la houille. Nous trouvons la confirmation de cette hypo-
« thèse dans l'abscence fréquente des grands végétaux. Ainsi
« plusieurs dépôts houillers ne contiennent pas de grandes
« tiges fossiles, et l'on ne trouve aucun de leurs débris dans
« les dépôts ligniteux de la Provence ; de telle sorte que la
« production des couches combustibles a pu avoir lieu sans
« être accompagnée de la grande végétation houillère.

« Cette hypothèse qui rapprocherait beaucoup les houil-
« lères des tourbières rencontre une objection dans le grand
« nombre d'alternances que présentent les couches de houille
« avec les grès et les schistes. Mais il faut nécessairement
« admettre que les conditions d'immersion des bassins ont
« été soumises à de grandes variations. Si, par exemple, nous
« trouvons aujourd'hui des centaines de mètres de dépôts,
« superposés à une couche d'argile schisteuse à empreintes,
« cela ne veut pas dire que les eaux dans lesquelles ces dépôts
« avaient été effectués avaient une profondeur correspondante ;

« cela prouve seulement que les dépôts supérieurs ont été
« surajoutés sous l'influence d'une lame d'eau qui persistait à la
« surface du bassin. Cette lame d'eau a pu avoir une grande
« épaisseur pendant la formation de certains bancs de grès
« grossiers et puissants, mais elle en avait très-peu toutes les
« fois qu'il s'est produit des dépôts d'argiles schisteuses abon-
« dantes en empreintes végétales. Or, puisque ces argiles
« servent le plus souvent de mur et de toit aux couches de
« houille, nous pouvons en conclure que la houille elle-même
« a été formée comme les tourbes, sur des plaines maréca-
« geuses et horizontales.

« L'étude directe de la houille nous conduira à des conclu-
« sions identiques. Chaque roche porte, en effet, dans ses
« caractères minéralogiques, les stigmates de son origine, et
« l'on peut, en interprétant tous les détails de ces caractères,
« arriver à reconnaître les influences sous lesquelles cette roche
« a été formée.

« Si l'on examine avec soin la plupart des couches de
« houille, lorsque leur surface vient d'être avivée par un
« abatage récent, on y reconnaît d'abord les phénomènes de
« structure que nous avons précédemment décrits. La couche
« est composée de petites zones stratifiées et alternantes de
« houille spéculaire et de houille terne. La houille spéculaire
« est vitreuse, fendillée, fragile, pure et légère; la houille
« terne est solide, plateuse, impure et dense, et ces petites
« zones hétérogènes déterminent quelquefois, dans la houille
« elle - même, la structure onduleuse qui existe dans les
« argiles pénétrées d'une grande abondance de végétaux
« couchés.

« La houille spéculaire ne présente jamais aucune trace de
« tissu végétal. Cela s'explique en ce que la houille n'étant
« formée que d'une partie des principes ligneux, ne peut être
« parfaite qu'à la condition que ces éléments ligneux auront
« subi une décomposition complète; dans ce cas, la des-

« truction de la décomposition des végétaux a entraîné la des-
« truction de leur forme. S'il y a eu, au contraire, dans les
« schistes et les grès, conservation de la forme, c'est que
« les végétaux ont été moulés sur place, par une pâte indé-
« composable, qui en a fixé les empreintes avant qu'ils fussent
« désorganisés.

« Dans les schistes et grès à empreintes, on trouve, avons-
« nous dit, les résultats de la décomposition ligneuse sous la
« forme d'une pellicule ou écorce charbonneuse qui entoure
« les fossiles ; or, cette écorce est précisément formée de
« houille spéculaire, et c'est ce qui fait souvent dire aux
« mineurs que la houille la plus pure est celle qui est adhé-
« rente au rocher. La houille spéculaire résulte donc de la
« décomposition des végétaux ; il est à remarquer qu'elle
« contient à peu près la même quantité de cendres.

« Dans la houille terne, la proportion des matières terreuses
« est de beaucoup supérieure à celle qui aurait pu être donnée
« par les tissus ligneux ; elle s'élève à 10 et 15 p. %,
« et doit nécessairement avoir été mélangée par l'intervention
« sédimentaire de l'eau. Il y a donc, dans cette houille, un
« rapprochement vers les argiles schisteuses ; elle n'est plus le
« résultat pur et isolé des décompositions végétales, et les
« partie ternes qui la composent peuvent, dans certains cas,
« avoir conservé quelques signes de l'historique de la forma-
« tion.

« En effet, si on clive ces houilles de manière à mettre à
« découvert les surfaces de ces petites zones ternes, on remar-
« que qu'il y existe très-souvent des traces d'origine végétale.
« Ce sont d'abord les petits fragments très-aplatis, composés
« d'un charbon léger, ligneux et semblable à du fusain que
« les mineurs désignent sous la dénomination de *charbon de*
« *bois* ; ce sont ensuite de véritables empreintes dont les stries
« parallèles sont très-fines et quelquefois réticulées. Ces em-
« preintes, conservées dans la houille même, sont très-visibles

« sur les clivages des variétés très-plateuses, dans lesquelles
« la structure rayée, produite par l'alternance des zones ternes
« et spéculaires, est le mieux exprimée.

« Les végétaux dont les houilles ont ainsi conservé quelques
« vestiges appartiennent généralement à de petites espèces ;
« et M. Adolphe Brongniart, en les examinant sur de nombreux
« échantillons de houille de Blanzy, a cru y reconnaître la
« structure des *Nöggerathia*.

« L'origine ligneuse de la houille est donc prouvée, non-
« seulement par l'ensemble de ses caractères géologiques,
« mais, pour beaucoup de couches, par l'examen direct de la
« texture minérale. Ce fait, une fois admis, il reste à expliquer
« les phénomènes qui ont pu déterminer l'accumulation et la
« stratification du carbone. Or, il n'y a que deux hypothèses
« possibles : ou bien les végétaux ont été charriés par les
« eaux qui parcouraient les terrains émergés pour se rendre
« dans les bassins ; ou bien la végétation s'est développée sur
« place et à la manière des tourbières. La dernière de ces
« deux hypothèses est généralement regardée comme la seule
« admissible, surtout depuis les observations et les calculs
« publiés par Elie de Beaumont (1). Les conclusions de ce
« travail sont confirmées par l'analyse mécanique des houilles
« feuilletées, comme celles qui existent sur plusieurs points
« du bassin de Saône-et-Loire, analyse qui met en évidence
« l'origine végétale, aussi bien qu'elle peut l'être par l'ins-
« pection d'une tourbe feuilletée. »

**Opinion
de J. Callon.**

Callon, dont les idées sont toujours empreintes d'un caractère simple et pratique, adopte le système général des tourbières ou, plus exactement, des végétaux ayant vécu sur

---

(1) Comptes-rendus des séances de l'Académie des sciences, 1ᵉʳ août
1842. Rapport sur un mémoire de M. A. Burat, intitulé : *Description géologique du bassin houiller de Saône-et-Loire* (commissaires : Adolphe
Brongniart, Elie de Beaumont, Dufrénoy, rapporteur).

place (1) et dont les détritus s'accumulent dans un bassin ou dans un golfe dont le fond avait été à peu près remblayé par des sédiments et constituait une sorte de marécage se produisant dans une eau peu profonde.

En faisant intervenir des périodes successives d'enfouissement de cette végétation sous les eaux et de dépôts stériles, il arrive à reconstituer, sinon dans tous les détails, au moins dans leur ensemble, toutes les circonstances qui accompagnent le dépôt des terrains houillers.

Ce savant professeur introduit dans ce système les actions si puissantes du temps, de température et de pression, pour expliquer la formation des grands bassins. Pour les bassins où les couches sont très-nombreuses, il joint aux premières causes celles qui devaient résulter à cette époque des mouvements d'oscillation de la croûte terrestre, qui sont du reste constatés encore de nos jours et qui expliquent comment le bassin où se formait le dépôt pouvait s'approfondir en se rétrécissant, de telle sorte qu'une série de couches se déposait successivement sous une épaisseur d'eau variable, le niveau de l'eau du bassin restant cependant constant.

Il termine ce rapide exposé de la formation des dépôts houillers par ce résumé dont le bon sens pratique frappe l'esprit :

« Telle est l'idée à laquelle on doit se rattacher, quant à
« l'origine des bassins houillers ; elle explique mieux que
« d'autres hypothèses, ou plutôt elle est la seule qui explique
« d'une manière satisfaisante les détails de la structure des
« couches, la quantité généralement assez faible de matières
« terreuses d'origine sédimentaire qui se trouve mêlée à la
« matière charbonneuse, et la différence de qualité que pré-
« sentent en général les couches, selon leur âge dans le même
« bassin, ou selon l'âge de ce bassin, en passant à la qualité

---

(1) Callon. — *Cours d'exploitation des Mines*, t. I, p. 16 et suivantes.

« anthraciteuse pour les couches les plus basses, à la qualité
« de lignite présentant encore plus ou moins la structure végé-
« tale pour les couches les plus hautes des formations les plus
« récentes. »

Il ne faut pas perdre de vue, dit-il en finissant, « que, dans
« le laboratoire où la nature opère, elle agit sur des masses
« et en faisant intervenir les pressions et le temps sur une
« échelle immense, circonstances qui peuvent changer entiè-
« rement le jeu des affinités que nous observons dans nos
« expériences. »

Opinion de Dufrénoy et Elie de Beaumont. Dufrénoy et E. de Beaumont (1) s'appuyant sur l'étude de certains faits, rejettent la possibilité de la formation de la houille à la manière des terrains de transport par l'accumu-lation de végétaux transportés et enfouis dans le sein de la terre.

En s'autorisant des vues et des faits observés par A. Bron-gniart, ces éminents géologues admettent que dans la plupart des cas, les houilles ont été formées sur place par l'enfouisse-ment successif des végétaux qui recouvraient le sol houiller et qui se sont succédé suivant les phénomènes naturels de la vie, d'une manière assez analogue à ce qui se passe dans les tourbières.

A l'appui de cette thèse, ils citent la forêt d'arbres fossiles découvertes dans les carrières du Treuil à Saint-Etienne, ainsi que les restes isolés de quelques souches trouvées à Aniche et à Anzin et font observer que : « la disposition singulière des
« arbres fossiles au milieu des grès fait naturellement supposer
« qu'ils ont été enfouis sur place et sans changer de position ;
« mais comment ces arbres ont-ils pu croitre, tandis qu'il se
« formait un dépôt qui les enfouissait graduellement ?

« Peut-être le sol a-t-il été soumis à un enfoncement pro-
« gressif qui, en abaissant la base de ces végétaux aussitôt

---

(1) *Explication de la carte géologique de la France*, t. I, p. 509 et sui-vantes.

« qu'elle était entourée par les matières charriées, les a,
« pour ainsi dire, fossilifiées au fur et à mesure de leur crois-
« sance. »

Ces géologues, comme les précédents, rejettent l'idée de la
formation par voie de flottage des couches de houille, par la
presque impossibilité de concevoir des transports de bois assez
épais pour produire par leur décomposition une couche de
houille.

Lyell, dans ses *Principes de Géologie*, traduits et publiés
à Paris en 1848, dit, en parlant des grandes accumulations de
bois et des débris arrachés des forêts du Nouveau-Monde (1),
qu'ils sont transportes par les courants jusque sur les côtes
d'Islande, et qu'à l'embouchure du Mackensie, ils sont entassés
sous forme d'îles ou de hauts fonds, où dans sa pensée « on
peut prévoir qu'à quelque époque future il existera un dépôt
considérable de houille. »

Opinion de Lyell.

Mais à côté de ces faits de transport de forêts à de grandes
distances, Lyell en cite d'autres qui prouvent au contraire que
les plantes dont on trouve de si nombreux vestiges dans toutes
les houillères ont vécu sur place ou ont été amenées d'une
distance peu éloignée (2). « Les tiges des espèces succulentes
« conservent encore leurs angles aigus, en même temps que
« d'autres plantes laissent apercevoir à leur surface des lignes
« et des raies d'une délicatesse extrême. On voit aussi quelque-
« fois de très-longues feuilles attachées aux troncs ou aux
« branches, ce qui indique que ces végétaux ne sont pas restés
« bien longtemps dans les eaux, puisque en général les feuilles
« ne peuvent y séjourner sans être bientôt détruites, à l'excep-
« tion toutefois de celles de fougères qui conservent leurs
« formes, même après une immersion de plusieurs mois. »
(Lyell aurait pu ajouter, et en eau tranquille, car il est évident

---

(1) Lyell. — *Principes de Géologie*, 2ᵐᵉ partie, p. 248-301-432.
(2) Lyell. — *Principes de Géologie*, 1ʳᵉ partie, p. 253.

qu'un transport à grande distance aurait pour résultat une détérioration complète).

« Il paraît assez naturel, continue-t-il, de croire, d'après
« cela, que les plantes du terrain houiller ont vécu sur le
« sol même qui, par sa destruction, a servi à la formation des
« grès et des conglomérats dans lesquels elles se trouvent
« enfoncées. Cette supposition est d'autant plus probable que
« la rugosité que plusieurs de ces roches ont conservée,
« atteste qu'elles n'ont pas été amenées de lieux très-éloi-
« gnés. »

Plus loin, il dit encore : « Bien que l'on attribue à la houille
« elle-même une origine végétale, on ne peut supposer, à en
« juger par l'état des plantes que renferment les argiles schis-
« teuses associées à cette formation, et par les conservations
« vraiment extraordinaires des feuilles, qu'elles aient été
« amenées, fût-ce même à l'aide de flottage, de très-grandes
« distances. »

Si anciennement et avant que les principes de la géologie fussent mieux étudiés, bon nombre de savants ont adopté la formation des combustibles végétaux par la voie de transport en assimilant ces dépôts à tous les autres terrains de nature sédimentaire, on doit reconnaître que ce système a de moins en moins de partisans, et qu'aujourd'hui la majeure partie des géologues est à peu près d'accord pour admettre la formation sur place à la manière des tourbières.

En Belgique, où tout ce qui touche à la houille excite au plus haut point les recherches des savants, ce mode de formation est généralement admis.

V. Bouhy, ingénieur au Corps des mines à Mons, a publié, sur l'origine de la houille, un mémoire remarquable qui a obtenu la médaille d'or dans un concours et qui a été inséré in extenso dans les *Publications de la Société des Sciences et des Lettres du Hainaut*, Mons, 1856. L'auteur, en excluant comme cause de l'origine de la houille le transport à grande distance de radeaux composés de forêts terrestres, ou enfoncés dans les delta des fleuvess, conclut à un système de formation analogue à celui des tourbières.

Il puise ses arguments ;

1° Dans la quantité assez faible de cendres que fournissent les houilles à l'analyse.

2° Dans la présence de troncs d'arbres que l'on trouve placés normalement à la stratification et traversant plusieurs bancs successifs de substance sédimentaire.

3° Dans la nature différente et la disposition des couches qui composent le terrain houiller.

4° Dans la perfection des empreintes végétales que renferment les bancs de roches avoisinant les couches de houille.

M. V. Bouhy dit avec raison que si les végétaux qui constituent la houille avaient été apportés par des courants, il n'est pas douteux que ceux-ci eussent amené en même temps beaucoup de matières stériles et d'argile qui auraient donné à la houille une impureté qu'elle ne présente pas en général.

Il rejette la formation en eaux profondes et mouvantes par le fait de la présence assez fréquente de souches isolées ou même de forêts existant dans leur position naturelle.

La nature délicate des empreintes que l'on remarque dans la houille même ou dans les roches voisines ne lui permet pas d'admettre le transport des feuilles si déliées dont elles ont conservé l'image, et M. Bouhy pense que la seule hypothèse admissible est celle d'une origine analogue à celle de la tourbe.

Les observations microscopiques faites par M. Sink sur un grand nombre d'échantillons de houilles et de tourbes sont venues confirmer ses idées en faisant reconnaître la plus grande similitude entre les éléments constitutifs de ces diverses substances et leurs caractères organoleptiques.

M. Briart, dont le talent comme géologue ne le cède en rien à son mérite comme ingénieur, dans une note produite en novembre 1867, admet la formation de la houille sur place par des végétaux à croissance rapide, calamites, lépidodendrons, sigillaires, etc., dans une eau peu profonde, dans une plaine marécageuse ou dans un sol humide, à l'instar des tourbières actuelles.

Pour expliquer la succession des couches de houille et des roches stériles, quelle que soit leur épaisseur, il admet des abaissements et des relèvements alternatifs et lents de l'écorce terrestre, dans les régions où s'opéraient les dépôts.

Il fait intervenir les soulèvements des chaînes de montagnes et leur théorie pour expliquer la formation des poudingues et des terrains à éléments grossiers.

Le système du transport des végétaux ne lui paraît pas possible, comme à M. Bouhy, à cause des impuretés qui auraient été entraînées en même temps et qui auraient altéré la pureté du combustible. Les plantes croissaient non sur un terrain solide, mais à la surface de l'eau, s'y développaient jusqu'à ce que le poids de l'ensemble fit sombrer le tout, pour recommencer de nouveau dans les mêmes conditions, et souvent avec des variantes formées par la diversité des substances qui pouvaient être, soit tenues en suspension dans l'eau, soit amenées par d'autres causes, faibles ou violentes, et donnant lieu soit à des dépôts de schiste à feuillets délicats, contenant des empreintes à dessins très-ténus, soit à des bancs de grès et des poudingues.

Dans ces conditions, les bords du bassin qui reçoivent plus facilement les poussières et les matières terreuses entraînées par les eaux de la surface doivent salir les bancs de combustible, soit d'une manière intime, soit en introduisant des bancs de schiste qui vont mourir à une certaine distance.

On voit que jusqu'ici, les géologues dont il a été question se sont plus préoccupés du mode de formation des couches de houille que de l'origine même du combustible ou de ses parties constituantes.

On peut résumer les diverses opinions émises précédemment par les principes suivants :

1° La houille est formée par une accumulation de végétaux dont on retrouve les vestiges dans les diverses strates du terrain houiller.

2° Ces végétaux ont crû et se sont développés sur place dans des terrains plats et humides ou dans des sortes de marécages.

3° Ces derniers ont été soumis à des abaissements successifs qui ont donné lieu à la formation d'un nombre indéterminé de couches séparées par des bancs stériles de schiste, de grès ou de poudingues.

4° Les actions combinées et simultanées de la chaleur, de la pression et du temps, ont transformé cet amas de végétaux formés à la manière des tourbes, en véritables combustibles minéraux.

Il me reste à entretenir le lecteur pour éclairer et approfondir de plus en plus la question, de plusieurs opinions qui, sortant du courant général, ouvrent de nouveaux horizons au point de vue plus spécial de l'origine de la houille.

Leurs auteurs, reprenant des idées déjà émises, en dégagent des conclusions qui leur paraissent plus pratiques et semblent se rapprocher davantage de la vérité, ou bien ils appliquent aux faits anciens qui ont contribué à la formation de la houille, les observations déduites de faits semblables, obtenus par des procédés d'expérimentation produits dans le laboratoire ou par l'imitation en petit des grands moyens employés par la nature.

En 1867 (1), le docteur Mohr publia diverses notes dans les Comptes-rendus de la Société d'histoire naturelle de la Prusse rhénane et de la Westphalie, sur l'origine de la houille.

Opinion
du Dr Mohr.

---

(1) *Bulletin de l'Industrie minérale,* 1868-69. Traduction par M. Laigneaux, ingénieur à Petite-Rosselle.

Ce savant s'attache plus particulièrement à démontrer que la substance de la houille provient uniquement des plantes marines, telles que les algues et les fucus qui sont entièrement dépourvues des fibres ligneuses, et que son dépôt n'a pu avoir lieu qu'au fond de la mer et à une place différente de celle où ces plantes avaient végété.

Mohr fait la remarque assez judicieuse que dans toutes les opinions émises jusqu'à ce jour sur la formation de la houille, on ne s'est pas assez préoccupé d'expliquer comment et par quelles affinités chimiques les éléments constitutifs des plantes ont pu se transformer en houille.

Selon lui, le sucre, la dextrine, la gomme et le mucilage provenant des plantes marines sont fusibles à certaines températures, tandis que la fibre ligneuse ne l'est jamais. Ces fibres, au contraire, par leur structure et leur nature sont très-facilement oxydables dans un air humide.

Chauffées en vase clos, les premières substances et les mucilages donnent un charbon compact, brillant, peu poreux, impropre à la décoloration, tandis que le charbon formé par les ligneux est poreux, terne, léger et très-propre à la décoloration et à l'absorption des matières odorantes.

En s'appuyant sur l'excessive facilité de reproduction des fucus au fond de la mer, sur leur très-grande fixité sur le lieu où ils naissent, et par conséquent sur l'immense développement qu'ils peuvent prendre, Mohr conclut à la formation de la houille au fond de la mer et sur un fond dur et uni.

Il prétend que l'on rencontre plus de houille compacte et amorphe que de houille à structure feuilletée et renfermant des empreintes, l'une et l'autre des qualités ayant d'ailleurs la faculté de se diviser sous formes cubiques.

Généralisant son système, il avance que la faible pellicule de houille que l'on rencontre adhérente aux empreintes des végétaux que contient la houille, provient d'une couche plus ou moins épaisse de fucus dont ces végétaux se sont recouverts dans leur transport jusqu'au lieu où ils se sont échoués dans la masse de fucus. Il ajoute que cette enveloppe naturelle de ces végétaux a été la cause de la conservation des organes les plus délicats de la plupart des plantes que l'on rencontre dans le terrain houiller et qui, par leur nature même, étaient destinées à disparaître en ne laissant que leur empreinte.

Mohr cite dans la mine de Kœnigsberg, à Oberhausen, une couche de houille de 4 pieds d'épaisseur, qui a pour toit une couche d'argile de 6 pouces d'épaisseur contenant en très-grande abondance des troncs de sigillaires et de calamites. Ces troncs sont couchés au hasard et entrecroisés les uns dans les autres sans pénétrer dans la houille.

De ce que ces plantes si voisines de la houille n'ont pas été transformées en houille, Mohr en induit que la houille elle-même ne peut provenir de plantes terrestres.

Enfin, comme dernière preuve de son système, l'auteur et avec lui le professeur Landolt et le Dr Tollens indiquent la présence du brôme dans toutes les houilles de la Ruhr et de la Westphalie.

Dans son remarquable ouvrage sur la Flore carbonifère du département de la Loire, M. Grand'Eury ne pouvait se dispenser de donner son appréciation sur les conditions de dépôt du terrain houiller et sur la formation des couches de houille. Il l'a fait à la fin de la première partie avec cette netteté de vues et cette autorité que tous les praticiens se plaisent à lui reconnaître.

Opinion
de
M. Grand'Eury.

Le lecteur ne pourra mieux faire que de consulter cet ouvrage qui est un véritable cours de botanique de la flore carbonifère, en même temps qu'un monument destiné à jeter la plus grande clarté dans l'assimilation des différents bassins houillers en fixant d'une manière nette et précise les jalons de la voie que le géologue doit suivre.

Cependant, comme sur certains points je ne saurais être

d'accord avec l'éminent géologue, je me permettrai de résumer en quelques mots les principes sur lesquels il s'appuie et les conclusions qui en sont la conséquence.

Conditions de dépôt.

En premier lieu et comme principe fondamental, M. Grand'-Eury, d'une manière générale, rejette toute idée de formation marine pour le dépôt houiller, par la bonne raison que toutes les plantes que l'on y rencontre et qui le constituent sont toutes terrestres et non marines. Il est également peu partisan de la formation lacustre, par la raison que les plantes houillères sont aériennes et non aquatiques et par conséquent n'ont pu croître et se développer dans une eau profonde.

Pour expliquer les dépôts alternatifs de couches de houille et de roches sédimentaires, M. Grand'Eury est conduit à admettre l'affaissement lent du sol.

Formation des couches.

Comme nous l'avons vu, l'auteur admet la formation des couches par les détritus de forêts arborescentes et non par un amas de plantes herbacées.

Il repousse le système des tourbières avec croissance et enfoncement sur place, comme cela se passe encore de nos jours, et n'admet pas davantage la formation par l'enfouissement des forêts entières ou l'accumulation sur place des restes d'une puissante végétation terrestre. L'absence d'empreintes de plantes marines dans la houille ou le terrain houiller lui fait rejeter l'idée de la coopération des fucus, comme le pense Perrot et après lui le Dr Mohr. La structure des tiges, feuilles et écorces que l'on observe dans le terrain houiller et qui, d'après M. Grand'Eury, sont reconnues former même les plus minces lits de houille, leur superposition en lames et lamelles aplaties et parallèles entre elles, structure tout à fait dissemblable de celle des tourbes, lui font enfin rejeter ce dernier mode de formation et admettre le système de transport de tous les débris végétaux en eaux courantes et leur dépôt analogue à celui des autres formations.

Dans la deuxième partie de la Flore carbonifère, M. Grand'-

Eury conclut, d'après les horizons où se rencontrent de préférence les différentes plantes, que la houille ancienne ou du calcaire carbonifère a été plus particulièrement le produit des lépidodendrons.

Que dans les houilles du terrain houiller moyen les sigillaires tiennent le premier rang, avec quelques lépidodendrons. Enfin, que dans le terrain houiller supérieur, les couches de combustible sont formées principalement de cordaïtes, de calamites et parfois presque exclusivement de fougères, comme dans le centre de la France.

Comme nous l'avons déjà dit, M. Grand'Eury, à l'instar de Dawson, Göppert, etc., admet que la houille entière est formée par l'accumulation de feuilles, tiges et écorces de plantes ayant vécu dans les forêts et ayant été entraînées par les eaux courantes dans des lagunes ou des golfes où elles se déposaient ; il explique la nature de la houille compacte par l'accumulation du parenchyme des plantes et particulièrement des cellules allongées sans pores des écorces de sigillaires. *Structure de la houille.*

Le fusain ou houille daloïde, ou charbon de bois, se rencontre plus particulièrement dans les houilles grasses et celles supérieures ; on n'en voit jamais dans les anthracites. *Du fusain.*

M. Grand'Eury fait la remarque que la proportion de cette substance ne paraît pas en rapport avec celles des feuilles et des écorces formant la houille ; mais il explique cette anomalie en admettant avec Dawson qu'une grande partie des tissus ligneux a disparu, et que les conditions climatériques de la Flore houillère étant favorables au développement des feuilles et des écorces et à la structure lâche des tiges, il n'est pas étonnant que le fusain qui représente le bois soit en infime minorité.

J'arrive enfin à la dernière opinion que je désire examiner, c'est celle émise dans ces derniers temps (1) par M. Fayol, directeur des mines de Commentry. *Opinion de M. Fayol.*

---

(1) *Bulletin mensuel de l'Industrie minérale*, décembre 1880.

A la suite de nombreuses observations prises sur place et ayant trait à la manière d'être, à la composition et à l'allure des couches de Commentry, M. Fayol adopte en principe le système de M. Grand'Eury et admet, en thèse générale, que la formation des couches de houille ne diffère en rien de celle de tous les autres dépôts et qu'elles sont composées de débris de végétaux, feuilles et écorces que les eaux ont entraînées et qui se sont déposées dans des delta ou dans des golfes en eau profonde. Il diffère sur ce dernier point avec M. Grand'Eury qui, ainsi qu'on l'a vu, n'admet le dépôt que dans les eaux peu profondes. Il s'écarte encore davantage non-seulement de M. Grand'Eury, mais à peu près de tous les géologues qui se sont occupés de la question, en admettant que les dépôts des matières végétales qui plus tard devaient former la houille se sont produits non plus horizontalement; mais sur une pente parfois assez inclinée.

M. Fayol, en étudiant de près la formation des dépôts dans les bassins de schlamms, a reconnu la plus grande analogie avec ce qui avait dû se passer, en grand, dans le dépôt de Commentry, et il a pu, en faisant varier les conditions du transport de schlamms, ou en y introduisant des matières étrangères, reproduire très-exactement tous les accidents que l'on observe à Commentry : inclinaison variable, forme lenticulaire des bancs, changement de nature des couckes, brouillages, plissements, clivage, failles, etc.

En résumé, M. Fayol est partisan de la formation par voie de transport en eau profonde ou formation lacustre et en plus, il ne voit aucune difficulté à admettre le dépôt incliné, ce qui évite la nécessité de faire intervenir des abaissements successifs des terrains.

Après avoir indiqué succinctement les points essentiels qui caractérisent chaque système, il me sera permis d'apporter mon grain de sable à l'édifice commun.

Mais auparavant, qu'il me soit permis d'affirmer hautement que si le mystère qui entourait l'origine de la houille a été en grande partie dévoilé, on le doit à M. Frémy, l'éminent professeur au muséum, qui a prouvé récemment (1) que jusqu'alors la majeure partie des géologues avaient fait fausse route, en admettant que la houille était le produit de l'accumulation de détritus végétaux provenant des feuilles, des écorces et des tiges, transportés par les eaux ou enfouis sur les lieux mêmes de leur végétation.

Par une série d'analyses chimiques des plus remarquables et des plus concluantes, et en s'inspirant des belles expériences faites sur l'anthracite par M. Daubrée, et sur la houille par M. Baroulier, M. Frémy est arrivé à établir les faits suivants :

« 1° Les tissus des végétaux formés de cellulose et de « vasculose, et ceux à base de cutose, chauffés entre 200 et « 300° pendant plus de cent heures, deviennent noirs et « cassants, dégagent de l'eau, des acides et des gaz ; *mais ils* « *conservent leur organisation première, ils n'entrent pas* « *en fusion et donnent un produit fixe qui ne ressemble en* « *rien à la houille.*

« 2° Un certain nombre de corps produits par l'organisme « et qui se trouvent dans les tissus des végétaux, tels que « sucre, amidon, gomme, chlorophylle, corps gras et résineux « qui accompagnent cette dernière dans les feuilles, par une « longue calcination, sous pression, se transforment en subs- « tances *qui ont une certaine analogie avec la houille.*

« Elles sont noires, brillantes, souvent fondues et absolu- « ment insolubles dans les acides et les alcalis. Chauffées « au rouge, elles dégagent de l'eau, des gaz, du goudron et « laissent comme résidu *un coke dur et brillant.*

« *L'anaylse de ces substances offre la plus grande analogie* « *avec celle des houilles en général.*

---

(1) Extrait des *Comptes-rendus de l'Académie des Sciences.* — Séance du 26 mai 1870.

« 3° La fermentation produite par la décomposition des
« végétaux donne lieu à de grandes quantités d'acide ulmique.

« 4° Ce dernier acide provenant, soit de la tourbe, soit
« de la vasculose, chauffé sous pression pendant cent vingt
« heures, donne un produit *qui présente exactement la même*
« *composition qu'une houille naturelle et qui est insoluble*
« *comme elle dans tous les dissolvants.*

« 5° Le mélange de chlorophylle, de corps gras et de
« résines que l'on retire des feuilles par un traitement à l'al-
« cool, chauffé sous pression pendant cent cinquante heures,
« donne une matière visqueuse, analogue au bitume naturel. »

De l'obtention de ces faits, M. Frémy déduit logiquement les
conclusions suivantes :

« 1° La houille n'est pas une substance organisée.

« 2° Les empreintes végétales que présente la houille s'y
« sont produites comme dans les schistes ou toute autre
« substance minérale ; la houille était une matière bitumi-
« neuse et plastique, sur laquelle les parties extérieures des
« végétaux se moulaient facilement.

« 3° Lorsque un morceau de houille offre à sa surface des
« empreintes végétales, il peut donc arriver que les parties de
« houille sous-jacentes ne soient pas le résultat de l'altération
« des tissus qui étaient recouverts par les membranes externes
« dont la forme a été conservée.

« 4° Les principaux corps contenus dans les cellules des
« végétaux soumis à la double influence de la chaleur et de la
« pression produisent des substances qui présentent une grande
« analogie avec la houille.

« 5° Il en est de même de l'acide ulmique qui existe dans
« la tourbe.

« 6° Les matières colorantes, résineuses et grasses que l'on
« peut retirer des feuilles se changent sous les mêmes actions
« de chaleur et de pression en corps qui se rapprochent des
« bitumes.

« 7° On peut donc admettre que les végétaux producteurs
« de la houille ont éprouvé d'abord la fermentation tourbeuse
« qui a détruit toute organisation végétale, et que c'est par
« une action secondaire de chaleur et de pression que la
« houille s'est formée aux dépens de la tourbe. »

Quand on a lu ce qui précède, il semble que la lumière
est faite, et, de suite, quantité de résultats d'observations qui
restaient ou contradictoires ou inexplicables se trouvent
éclaircis.

Nous allons donc tâcher de donner, de l'origine de la
houille et de la formation du terrain houiller une explication
conforme aux grandes découvertes de M. Frémy, et nous termi-
nerons cette étude en en faisant une application au bassin de
Ronchamp.

Mode de formation des terrains.

Nous admettrons d'abord, conformément à la théorie générale des dépôts, que le terrain houiller pris dans son ensemble,
de même que tous les autres terrains, s'est effectué par voie
de transport dans une eau profonde ; mais, si cela est indubitablement vrai pour tous les bancs argileux, arénacés et poudin-
giformes, je fais de suite une distinction, quelque contra-
dictoire que cela puisse paraître, comme le fait remarquer
M. Fayol, pour les couches de combustible, depuis la plus
épaisse jusqu'à la plus mince.

Je ne saurais nier que le système indiqué par cet ingénieur
comme représentant le mode de formation de Commentry ne
soit attrayant et ne puisse même s'adapter parfaitement à
d'autres bassins houillers, ou même avoir coopéré à produire
certaines allures, certains accidents qui se présentent dans
quelques bassins ; mais il ne me paraît pas possible de faire
concorder toutes les phases d'un semblable dépôt avec l'existence de ce principe que le docteur Mohr avait entrevu et que
M. Frémy a mis en évidence, *c'est que les feuilles des végétaux ne sont pas aptes à produire la houille.*

Le système de M. Fayol peut donc être mathématiquement vrai en tant qu'on le considère comme mode de dépôt en général ; mais, à mon avis, il pèche par la base, car, là où l'auteur pense que la houille a dû se former, il ne devrait trouver que des substances inertes, imprégnées tout au plus de matières charbonneuses.

En dehors d'autres considérations dont nous parlerons tout-à-l'heure, le système de dépôt de M. Fayol, comme celui de M. Grand'Eury, en faisant intervenir exclusivement les feuilles, les écorces et les parties les plus légères des végétaux dans l'origine de la houille, ne peut se concilier avec ce grand principe de M. Frémy : *la houille n'est pas une substance organisée.*

Mais si la houille n'est pas formée presque exclusivement de feuilles, de tiges et d'écorces de plantes houillères, comme le prétendent les auteurs cités et avec eux Göppert, Dawson, Geinitz, etc., quelle est son origine ?

Je répondrai d'abord que c'est peut-être un peu trop se hâter de conclure qu'une substance est uniquement composée de certaines feuilles, de lépidodendrons, de calamites ou de sigillaires, parce que l'on remarque de grandes quantités d'empreintes de ces diverses espèces, entre les feuilles ou lamelles dont cette substance est formée. On me pardonnera cette image qui rend bien ma pensée : c'est à peu près comme si, par un phénomène quelconque, le tissu textile du papier qui compose un livre venait à disparaître, en laissant l'impression intacte, on en déduisait que le livre, ou la matière primitive, était composé en entier d'encre d'imprimerie.

On rencontre, il est vrai, dans certaines houilles, un grand nombre d'empreintes, quoiqu'il y en ait beaucoup aussi où la matière paraît tout à fait fondue, et où, même au microscope, on ne distingue, ni sur les délits, ni dans la masse, aucune trace d'empreintes.

Mais, à mes yeux, ces empreintes végétales que l'on observe

souvent avec un très-grand fini de détails, ne sont véritablement que des empreintes ne laissant que des traces imperceptibles de houille ; c'est une image d'un objet disparu.

Et si l'on admet, en principe, que toute la houille est formée de feuilles, de tiges et d'écorces, pourquoi les houilles grasses, dont la structure est en général peu feuilletée et dont la cassure est plutôt conchoïdale, de même que les anthracites, ne présentent-elles que peu ou point d'empreintes végétales ?

On reconnaît que les tiges des plantes, comme celles des arbres les plus volumineux, couchées suivant les strates, ne tiennent pas plus de place en épaisseur qu'une simple feuille de cordaïtes et peuvent être confondues avec elles (Grand'Eury, page 343), et l'on veut qu'une simple feuille soit représentée par une lamelle, si petite que l'on voudra, de charbon, cela n'est pas admissible !

Les empreintes, particulièrement dans les schistes et grès schisteux qui sont au toit des couches sont très-nombreuses ; elles n'y laissent qu'une trace imperceptible de houille, et le plus souvent de schiste charbonneux. Les tiges fossilifiées des grands végétaux ne sont également représentées que par une très-mince couche de houille. Comment admettre que des accumulations aussi considérables que l'on voudra de feuilles et d'écorces aient pu produire des couches de houille depuis la plus mince jusqu'aux assises de 30 mètres !

Si une tige de lépidodendron ou de sigillaire, en admettant avec M. Dawson que ces écorces sont surtout composées de parenchyme, ne laisse qu'une mince pellicule de houille dont l'épaisseur est souvent inférieure à $^1/_2{}^m/^m$, on voit ce qu'il faudrait de troncs de sigillaires, pour former une couche seulement de 1 mètre d'épaisseur.

L'imagination est effrayée d'une semblable accumulation et se refuse à admettre un pareil système pour l'origine de la houille.

Ainsi un examen attentif des faits résultant de la structure même de la houille et d'accord avec les résultats analytiques obtenus par M. Frémy, tendait à prouver que la houille n'est pas due à l'accumulation ou à la stratification des feuilles, tiges et écorces des végétaux de l'époque carbonifère. On m'objectera, sans doute, que si les expériences de M. Frémy ont démontré que la houille ne peut pas naître des matières grasses et résineuses que contiennent les feuilles des végétaux actuels, celles des grands végétaux de la période carbonifère pouvaient contenir des matières constituantes susceptibles de produire la houille.

Assurément, il ne peut être répondu catégoriquement à cette objection, quoiqu'elle ne soit pas d'accord avec les principes généraux de la botanique, mais j'accorderai volontiers que les matières bitumineuses résultant des feuilles, tiges et écorces renfermées dans la houille ou dans les schistes et grès houillers, ont produit par leur distillation sous une haute pression une sorte de brai sec, ayant une certaine analogie d'aspect avec la houille, mais généralement plus impur qu'elle.

C'est, en un mot, ce qui constitue les pellicules charbonneuses qui donnent l'empreinte des restes organisés. Mais la formation de la houille elle-même n'y est pour rien.

Formation sur place et en eau peu profonde. L'adoption des principes démontrés par M. Frémy tend à faire repousser tout système de formation par voie de transport et à rentrer dans les idées d'Elie de Beaumont, Callon, de MM. Burat, Briart, etc,, qui admettent la formation analogue aux tourbières ou en eau peu profonde.

En effet, d'après M. Frémy, il faut deux faits essentiels pour former la houille, des végétaux d'abord et ensuite la décomposition de ces mêmes végétaux ou la fermentation tourbeuse au *tourbage*, comme dit M. Burat, qui donne naissance à l'acide ulmique, principe de la houille.

On conçoit donc de suite que si l'on fait intervenir la formation par transport en eau profonde, ces végétaux enfouis sous les eaux et rapidement recouverts d'autres végétaux ou de substances inertes, sont soustraits à l'action oxydante ou désorganisante des agents atmosphériques et formeront tout au plus des schistes charbonneux à empreintes multiples. Ne voit-on pas, dit Lyell, les grands arbres des forêts de l'Amérique s'entasser dans les delta des fleuves ou sur les côtes de l'Islande et se conserver indéfiniment dans l'eau ?

En dehors de ces raisons qui à mes yeux sont péremptoires, je ne puis admettre avec Lyell, avec MM. Briart et Bouhy, le système de transport des végétaux en eau profonde qui infailliblement eût altéré la pureté du combustible en entraînant des impuretés avec eux, et qui aurait eu également pour résultat de détruire la finesse des débris, par le flottage d'abord et par leur altération résultant du séjour prolongé dans l'eau.

N'est-il pas permis aussi d'élever un doute sur la possibilité des dépôts de végétaux en eau profonde par le fait même du peu de densité de ces matières fraîches et tant qu'elles n'ont pas subi une complète décomposition ? Et dans cet état leur pesanteur spécifique étant voisine de celle des limons et des matières organiques transportées par les eaux, on ne voit plus par quelles causes, comme le prétend M. Fayol, elles se sépareraient pour former des couches distinctes et des bancs d'une grande étendue.

Le principe découvert par M. Frémy que la houille est due principalement à l'acide ulmique, qui lui-même est le produit de la fermentation tourbeuse, une fois admis, on ne voit pas pourquoi on chercherait pour la houille des temps anciens un autre mode de formation que celui des combustibles des terrains plus modernes qui sont incontestablement le produit des innombrables tourbières qui couvrent le sol dans toutes les régions du monde.

Cette explication si simple et si naturelle n'a pas été rejetée par les plus grands noms de la Géologie. Elle ne conduit pas à admettre, comme le faisait Morand, la reconstitution de la houille sur place, mais le résultat final est le même. Pour preuve de cette opinion, je citerai, dans les terrains tertiaires, Miocènes de la Toscane, la formation houillère des Maremmes de ce pays (1) où, depuis la tourbe récente et effectuant son évolution de nos jours, on trouve jusqu'à des profondeurs de 400ᵐ des couches de combustible de plus en plus analogues à la houille, affectant les mêmes caractères extérieurs et ayant, d'après M. Pila, la même composition que certaines houilles de l'Écosse. Les empreintes de l'époque tertiaire y sont nombreuses, on y trouve comme dans les terrains d'Écosse des coquilles marines et d'eau douce jointes à des débris de végétaux terrestres.

« Les deux dépôts, dit M Pila, bien que d'âges fort diffé-
« rents, ont donc été produits dans des circonstances sembla-
« bles et très-probablement dans des baies peu profondes, dans
« des espèces d'estuaires, où était l'embouchure de quelque
« grand fleuve, où surnageaient d'énormes tourbières. »

On ne saisit pas pourquoi M. Pila fait intervenir des tourbières surnageant, ce qui paraît peu probable malgré l'existence des mers de sargasse ou fucus nageant, citées par Lyell, qui flottent dans certaines régions de l'Atlantique, dans l'Océan Pacifique et la mer des Indes, et qui sans doute ont fait naître dans l'esprit du Dr Mohr son opinion sur l'origine de la houille.

La houille des Maremmes de la Toscane a, comme je l'ai déjà dit, tous les caractères extérieurs des houilles anciennes ; sa texture est feuilletée ou lamellaire ; sa cassure unie ou conchoïde, sa couleur noire éclatante, elle se clive en prismes irréguliers ; on y rencontre fréquemment du charbon de bois ou houille daloïde ; la seule chose qui la distingue, c'est qu'elle dégage de l'hydrogène sulfuré et contient une assez grande proportion de soufre. Mais ces derniers caractères sont également fréquents dans les autres houilles ; notamment à Ronchamp, dans la 2ᵉ couche, les ouvriers se plaignaient assez

---

(1) *Annales des Mines*, 4ᵉ série, t. XII, 1847.

fréquemment de maux d'yeux, dus à un certain dégagement dans quelques parties d'acide sulfhydrique.

Il est de toute évidence que les houilles de Monte-Bamboli ont été formées avec les résidus des végétaux qui se sont développés sur place et dont on retrouve les empreintes dans les roches voisines et jusque dans les feuillets du combustible. Seulement, ici comme pour les houilles anciennes, la matière elle-même est compacte, sans structure et non organique.

Il y a donc la plus complète analogie, sauf l'âge et la flore, entre les houilles anciennes et celles de la Toscane. Entassement de végétaux produit par les tourbières et les végétaux croissant dans le voisinage dont les eaux pluviales amènent incessamment les détritus ; fermentation tourbeuse non plus par la chaleur centrale et primordiale de la terre, mais comme le dit M. Pila, « par les effets d'une action innée vivante et « actuelle. »

Ce qui fait dire à ce savant : « Si l'on considère que la « houille n'a d'autre origine probable que celle de nos tourbes « et qu'elle n'est passée à cet état que par suite des modifi- « cations lentes et moléculaires que lui a fait subir l'action de « la chaleur centrale dont la température à ces époques recu- « lées se manifestait à la surface du globe plus puissamment « et uniformément que de nos jours, on verra qu'il suffit que « dans certaines contrées, l'action des feux souterrains se soit « prolongée plus que dans d'autres pour que de la houille « véritable ait pu se former dans des positions qu'on a regar- « dées jusqu'ici comme anormales. »

Nous pouvons donc conclure de ce qui précède :

1° Que les végétaux qui ont formé la houille ont vécu, se sont désorganisés et ont subi la fermentation tourbeuse au contact des agents atmosphériques, dans des sortes de golfes, parties basses et marécageuses où l'on retrouve le combustible en place.

2° Que les empreintes que l'on y rencontre parfois en grand

nombre ne sont que des images d'objets disparus, mais dont les espèces devaient croître à peu de distance ou peut-être même, comme l'insinue M. Briart, sur les lieux mêmes.

3° Que la transformation de l'acide ulmique en houille a eu lieu postérieurement, alors que par des abaissements successifs et lents des terrains, ces couches ont été soumises aux pressions résultant du dépôt de nouvelles couches de végétaux ou de sédiments minéraux.

C'est alors seulement que les actions calorifiques ont dû apparaître et devaient résulter de la chaleur centrale et initiale de la terre, ou de phénomènes volcaniques, ou même de combinaisons chimiques qui en particulier ont dû déterminer la formation de la houille dans l'étage des marnes irisées ou terrains gypseux.

Évidemment cette chaleur variable d'intensité suivant son origine, en agissant plus ou moins vivement sur les produits de la fermentation, a eu pour effet de concentrer plus ou moins le carbone au détriment des matières volatiles, et de donner lieu, suivant le cas et les circonstances, à toutes les qualités de combustible jusqu'à la houille la plus flambante de tous les terrains possibles.

Les tiges fossiles des arbres en place s'opposent au mode de formation par transport.

Comme dernière preuve de la formation de la houille *in situ*, j'invoquerai comme l'ont fait tous les partisans de ce mode de dépôt, les nombreux vestiges de tiges fossilifiées que l'on rencontre non-seulement dans presque toutes les tourbières, mais également dans les grès et les roches avoisinant les couches de houille.

En dehors de la très-nombreuse nomenclature des tiges debout citée par M. Grand'Eury (*Flore carbonifère*, page 330) que l'on rencontre non-seulement dans le bassin de la Loire, mais en Allemagne, en Angleterre, en Belgique, et l'on peut dire dans tous les pays du monde où existe du terrain houiller, je citerai un exemple de forêt fossile d'arbres en place, traverséc récemment par une galerie tracée au mur de la 2ᵐᵉ couche du Montceau au puits Saint-Pierre, à l'étage 220.

Les Fɪɢ. 13, 14 et 15, Pʟ. XIV en donnent exactement le détail : sur une longueur de 20 mètres cette galerie a rencontré 36 tiges debout. Ces tiges ne prennent pas naissance toutes sur le même banc ; elles sont réparties sur une hauteur peut-être de plus de dix mètres et chaque individu semble avoir pris racine dans un mince lit d'argile.

Leur direction, peu variable par rapport à la verticale, est sensiblement normale à la stratification. Quelques-unes sont déformées, mais en général elles ont conservé leur forme ; elles paraissent tronquées brusquement dans la hauteur et l'on n'a remarqué aucune tige terminale.

Leur grosseur varie depuis quelques centimètres jusqu'à 50 et 60 centimètres de diamètre. Elles sont recouvertes d'une mince couche de combustible ayant moins de $1/2^{m}/^{m}$ d'épaisseur alternant fréquemment avec des lamelles de grès fin qui adhère au charbon et semble s'être déposé parallèlement à ce dernier.

Les lits d'argile situés à une certaine hauteur des tiges sont remplis d'empreintes mal définies appartenant probablement à des feuilles, mais on ne voit à la base aucune trace de racines. Il serait téméraire, comme le fait observer M. Grand'Eury, de supposer que ces tiges ne se sont pas développées sur place et qu'elles ont échoué après flottage dans les sédiments qui les enveloppent et se sont substitués à elles.

Ne semble-t-il pas naturel d'admettre que ces tiges sont les témoins des grandes forêts qui croissaient sur le littoral d'un golfe bas où se formaient les accumulations de végétaux devant produire la houille plus tard ? et que ce littoral, submergé par un affaissement, puis remis à sec par un relèvement du sol, ou plus simplement par le remplissage total ou partiel du golfe par des dépôts de sédiments, aura donné naissance à d'autres forêts, et ainsi de suite ?

Il peut se faire assurément, comme le prétend M. Fayol, que dans un terrain de sédiment et de transport, on puisse rencontrer, par hasard, une tige debout, ses racines en bas ; mais comment admettre que l'on puisse trouver toute une forêt dont les tiges transportées par les courants et à de grandes distances aient conservé le plus parfait parallélisme entre elles, sans cesser d'avoir une direction normale à la stratification.

Cela ne paraît pas possible et est une preuve de plus contre le système de dépôt par voie de transport et, par conséquent, une preuve en faveur de la formation des couches de houilles *in situ* et j'ajouterai par stratification horizontale.

Objection tirée de l'absence de tiges terminales et de racines. Quoique dans certains cas assez nombreux, particulièrement dans le terrain houiller supérieur (1), on retrouve les plantes debout avec leurs tiges et leurs racines, particulièrement pour les fougères, il est fort rare de rencontrer les lepidodendrons avec leurs racines, dont on connaît peu la nature. Mais l'absence des racines ne pourrait être invoquée contre la formation *in situ*, par la raison qu'il n'est guère plus facile d'expliquer pourquoi, dans certains terrains de l'oolithe supérieur, les racines seules existent, tandis que les arbres ont disparu, et cependant il est hors de doute que ces racines sont en place.

S'il n'est pas possible de montrer les racines de lepidodendron et de stigmaria de la galerie du puits Saint-Pierre, on peut du moins se rendre un compte exact pourquoi elles ne se trouvent pas avec les tiges.

On remarque, en effet, que les surfaces tronquées des tiges reposent toutes, soit sur une mise argileuse très-lisse, soit sur un délit du grès dans lequel ces dernières sont enclavées. Ce délit est formé d'une mince couche de grès schisteux

---

(1) Grand'Eury. *Flore carbonifère,* pages 330-394. — Lyell. *Abrégé des Eléments de Géologie,* page 518.

micacé, très-fin, sorte de psammite, dans la texture duquel on peut lire plus de vingt plans de stratification dans une épaisseur de 3 à 4 millimètres. Ces surfaces lisses et glissantes sont striées dans un certain sens, comme si un corps dur avait glissé dessus.

De la réunion de ces caractères, il est naturel de déduire que les racines des lepidodendron et stigmaria que l'on chercherait vainement au pied des tiges ont dû, par suite d'un mouvement lent de terrain, glissant parallèlement à la stratification et suivant le pendage, être séparées des tiges ; celles-ci, par leur forme, ont résisté à l'entraînement, tandis que les racines ont glissé parallèlement entre elles et d'un mouvement lent avec la masse des grès qui les emportait.

Cette explication de la séparation des racines paraît assez plausible et elle est, du reste, corroborée par la rencontre de quelques souches d'arbres fossiles dans les parties supérieures du terrain houiller près des affleurements (1).

Tout ce qui vient d'être dit comme les conséquences qui en découlent doit s'appliquer au dépôt de Ronchamp, comme à la plupart des autres dépôts houillers. Rien dans sa manière d'être ne peut le faire considérer comme formé par voie de transport, et au contraire tous ses caractères doivent le faire regarder comme étant de formation analogue aux tourbières.

Ramification des couches de houille et développement des bancs stériles dans le bassin de Ronchamp.

Délicatesse extrême des organes des différentes empreintes que l'on y rencontre en abondance et dont certains schistes

---

(1) Depuis la rédaction de ce travail, on a extrait de la mine plusieurs échantillons de tiges, dont plusieurs se distinguent par le commencement de leurs racines.

L'un d'eux est une véritable souche de stigmaria ficoïdes qui faisait partie d'un arbre de 6 à 7 mètres de hauteur rencontré il y a près de trois ans dans un bure foncé au puits Sainte-Marie, étage 230, dans les grès situés au-dessous de la 2e couche et par conséquent dans la même position géologique que les fossiles du puits Saint-Pierre.

Cet arbre était également debout et perpendiculaire aux bancs de stratification. La souche formant le commencement des racines a été malheureusement seule conservée.

sont pétris, excluant un transport au loin, — barres parallèles au toit et au mur, s'étendant avec les mêmes caractères à de grandes distances, — impureté relative des couches proche des affleurements, par suite des matières terreuses qui s'y infiltraient plus facilement, — absence de toute érosion, de tous brouillages, qui auraient dû se produire indubitablement dans l'hypothèse du dépôt par voie de transport, à la suite de chaque changement dans le sens du courant — pureté assez parfaite du combustible — sont autant de raisons qui, pour Ronchamp de même que pour la plupart des autres bassins, doivent faire admettre le mode de formation analogue aux tourbières.

Mais il est un fait sur lequel j'insisterai et qui pourrait être invoqué en faveur du mode par voie de transport; c'est la division ou diffusion des couches en se dirigeant de l'Est à l'Ouest et l'augmentation d'épaisseur des bancs stériles, dont il a déjà été question en parlant de l'allure du terrain houiller.

La PL. XIII, FIG. 6 représente fidèlement une coupe suivant la direction faite à la cote 400.

Si l'on examine attentivement comment les choses se passent, on remarque d'abord que la division des couches s'opère d'une d'une manière très-lente, et que ce n'est qu'insensiblement, mais d'une manière continue et sans soubresaut, que les barres qui naissent dans la houille prennent peu à peu de l'épaisseur et finissent par atteindre des puissances de 8 et 10 mètres sur une longueur de 800 à 1.000 mètres.

Pour les bancs de charbon, c'est l'inverse qui a lieu ; à l'Est, les couches prises isolément forment un faisceau à peu près compact qui se subdivise de plus en plus en marchant à l'Ouest et chaque mise de charbon arrive à n'avoir à une distance de 800 à 1,000 mètres qu'une épaisseur trop faible pour l'exploitation.

Un autre fait digne d'attention et que j'ai déjà fait remarquer, c'est que les éléments des roches intercalées dans les couches de charbon sont de plus en plus grossiers en s'avançant à l'Ouest, de telle façon que le puits Sainte-Marie traverse beaucoup plus de couches de poudingues et de conglomérats que le puits Saint-Charles et que le puits Saint-Paul de la Compagnie de Mourière ; plus à l'Ouest encore que le puits Sainte-Marie, le terrain est encore plus riche en grès grossiers, poudingues et conglomérats.

L'ensemble de ces deux faits nous permet de donner une explication satisfaisante de la disposition du bassin de Ronchamp, et je crois qu'elle peut s'étendre aux bassins, et ils sont nombreux, qui affectent cette division des couches dans l'allongement.

Reprenons un instant la carte géologique du Bassin de Ronchamp : on voit que la direction générale du terrain houiller, après avoir suivi une ligne à peu près E O, est relevée brusquement par un promontoire du schiste de transition, un peu au-delà du puits Saint-Paul, et les affleurements contournant ce promontoire se relèvent au Nord où ils sont recouverts par le grès des Vosges.

C'est en ce point que commence la vallée de Méliscy d'abord large et ouverte, puis resserrée de plus en plus, qui a dû être l'estuaire d'où sont arrivés les nombreux matériaux stériles qui peu à peu ont comblé la vallée de l'Ognon et se sont répandus dans celle du Rahin.

Les blocs erratiques de porphyre que l'on rencontre au confluent des deux vallées montrent encore que les choses ont dû se passer ainsi. Les conglomérats, les poudingues et les grès de plus en plus fins et argileux se sont répandus à des distances de plus en plus grandes dans le golfe ou cirque formé par le terrain de transition, à l'Est de Ronchamp, où se formaient à l'abri des torrents les couches successives de végétations qui plus tard devaient donner lieu à la houille.

A une période de diluvium venant de l'Ouest succédait une période de calme favorable au développement des végétaux qui croissaient à l'Est en eau peu profonde, puis après un affaissement lent du sol marécageux survenait un nouveau diluvium qui venait interrompre la formation houillère et apportait un nouveau contingent de roches stériles qui se déposaient par ordre de grosseur et allaient mourir aux confins du bassin, à l'Est, en se superposant aux couches de végétaux.

De ces trois actions combinées est née la formation houillère de Ronchamp.

A mon avis, le bassin de Blanzy, dans des proportions plus larges, n'a pas eu d'autres origines.

Nouveau grès rouge.

La formation du grès rouge (*new red sandstone* des Anglais) est très-puissante à Ronchamp. De même que le terrain houiller, son épaisseur va rapidement en augmentant à mesure que l'on s'avance vers le S.-O., suivant la ligne de plus grande pente.

La coupe générale du bassin, Pl. XI, Fig. 1, fait parfaitement ressortir cet accroissement dans l'épaisseur du grès rouge. On peut diviser cette formation en deux étages que nous étudierons séparément :

1° Etage inférieur, en majeure partie composé d'argiles ou de grès argileux, micacés, rouges ou violets.

2° Etage supérieur, comprenant les assises de grès à grains plus ou moins grossiers, très-compacts et passant fréquemment aux conglomérats fortement agrégés.

Ce dernier étage à Ronchamp est souvent fissuré à la partie supérieure et donne de grandes quantités d'eau.

Ces deux variétés dans la formation du grès rouge ne forment pas, à vrai dire, des horizons géologiques très-définis, et il serait fort difficile d'indiquer nettement leur limite séparative ; elles marquent plutôt deux époques, l'une de calme, celle inférieure sans secousse brusque et faisant, pour ainsi dire, la continuation de la formation houillère ; l'autre, celle supérieure, représentant par la nature de ses dépôts une période beaucoup plus tourmentée.

Au puits Saint-Joseph, on commence à rencontrer les argiles à la profondeur de 180 mètres ; elles alternent avec des bancs de grès rouge argileux à grains plus ou moins serrés. A mesure qu'on se rapproche du terrain houiller, ces argiles et grès argileux prennent une teinte violacée caractéristique de plus en plus foncée, passant au violet lie de vin ; leur dureté est en général bien moins grande que celle du grès rouge et on les entame assez facilement au pic, sans le secours de la poudre.

Déposées à l'air, elles ne tardent pas à se fendiller sous l'action des agents atmosphériques, et à se désagréger complètement. Cependant, les bancs inférieurs à teintes violettes ou lie de vin, résistent un peu mieux et sont un peu plus fermes, ce sont plutôt des grès argileux que des argiles. Les acides sont sans effet sur ces grès ou argiles.

Les argiles rouges qui sont au sommet de l'étage inférieur sont rarement homogènes sur une grande masse, elles ont une couleur d'ocre rouge foncé ou rouge amarante, se cassant à la manière des argiles, suivant des surfaces curvilignes et ternes ; le plus souvent, les fragments renferment des taches bleuâtres qui résultent de la cassure de corps ou noyaux arrondis, noyés dans la masse et dont la grosseur varie de celle d'un pois à celle d'un œuf.

Ces noyaux paraissent provenir de parties feldspathiques décomposées contenant une certaine proportion de chlorite qui leur donne cette teinte bleu verdâtre. Leur structure est fine et terreuse, ils se laissent très-facilement entamer par une pointe de couteau et ne font point effervescence avec les acides.

Ces taches envahissent parfois toute la masse et forment alors de véritables marbrures qui se fondent avec le reste de l'argile.

On y rencontre de petites géodes de cristaux blancs mal définis de chaux carbonatée, de feldspath et des grains arrondis de quartz, le tout mélangé avec des fragments peu développés et plus ou moins anguleux de roche en voie de décomposition, fragments porphyriques que l'on trouve aussi fréquemment dans la masse de l'argile.

L'argile rouge renferme parfois une assez forte proportion d'oxyde de fer, ce qui la fait ressembler à un véritable minerai de fer lithoïde, sa densité est alors forte ; mais la proportion d'oxyde de fer ne paraît jamais dépasser 6 à 7 p. %.

Ces argiles sont employées, comme le dit M. Thirria, par suite de leur vertu plastique, à la fabrication de la tuile à Ronchamp et à Clairegoutte.

Argiles et grès argileux violacés. Au-dessous des argiles rouges dont la succession se trouve souvent interrompue par des barres de grès rouge dont l'épaisseur varie de quelques centimètres à plusieurs mètres, on trouve les argiles et grès argileux violets ou lie de vin.

Cette variété d'argile est généralement plus dure que la précédente ; quelquefois elle prend l'aspect schisteux et peut se diviser en plaquettes assez minces. Son caractère particulier est de renfermer une assez forte proportion de mica blanc, qui, dans les grès argileux, est intimement mélangé à la masse. Au contraire, dans les argiles schisteuses, il se détache facilement de la pâte, avec laquelle il offre peu d'adhérence.

Ces argiles violettes alternent également avec des bancs d'un grès rouge à grains plus ou moins grossiers et passant souvent par la grosseur des galets renfermés, à un véritable poudingue. Ces bancs deviennent de moins en moins nombreux à mesure que l'on se rapproche du terrain houiller.

Argilolithes. Nous avons conservé ce nom qui est appliqué dans l'explication de la Carte géologique de la France et dans la Statistique minéralogique du département de la Haute-Saône, aux argiles à teinte verdâtre qui recouvrent immédiatement les schistes noirs bitumineux et sont à la base des argiles rouges.

Elles s'observent dans presque tous les travaux voisins des affleurements, où elles acquièrent une puissance qui varie de 0m,25 à 18 mètres.

Quelquefois, les schistes noirs disparaissent et le toit même de la couche est formé par les argilolithes ; c'est ce qui s'observe dans plusieurs galeries des anciens travaux près des affleurements.

On les a retrouvées dans les nouveaux puits Sainte-Barbe et Sainte-Pauline.

Dans le premier, elles ont été rencontrées à 210 mètres et leur épaisseur est de 6 à 7 mètres. Un fait particulier que je dois signaler se présente ici : après avoir traversé les 6 à 7 mètres d'argilolithes verdâtres et grises plus ou moins fissiles, contenant des empreintes végétales, on est retombé sur des bancs de grès et schistes argileux rouges, renfermant de gros galets arrondis à pâte feldspathique et passant au poudingue, ayant enfin tous les caractères du nouveau grès rouge.

L'épaisseur de ces bancs (Voir Pl. XIII, Fig. 4) a été aussi de 7 mètres environ, et l'on est retombé ensuite brusquement sur les schistes noirs bitumineux, ramenés par un joint montant.

Au puits Sainte-Barbe, de même que dans les autres puits où l'on a pu observer parfaitement le passage du terrain houiller aux argiles qui forment la base du grès rouge, il n'est pas possible d'établir le point exact de partage des deux terrains.

La teinte des argiles va graduellement en passant du rouge amarante et bleu violacé au gris plus ou moins foncé, puis au noir.

La texture varie également d'une manière insensible, comme les caractères de la cassure qui, de conchoïde à faces contournées dans les argiles rouges, devient de plus en plus fissile à mesure que la teinte se rapproche du noir et qu'on entre dans les schistes houillers à cassure esquilleuse.

Ces diverses assises renferment des empreintes de fougères, d'annularia, d'asterophyllites et diverses espèces de calamites, toutes identiques à celles du terrain houiller. Tous ces caractères, concordance de stratification, continuité de dépôt qui se fait remarquer par une sorte d'oscillation dans les divers bancs, similitude dans les empreintes végétales, autorisent donc à rapporter au terrain houiller la formation des argilolithes diversement coloriées.

C'est l'avis des auteurs de la Carte géologique de la France (1) qui, dans le bassin houiller des environs de Villé dans les Vosges, ont remarqué que les argilolithes de la partie supérieure du terrain houiller varient de puissance d'un point à un autre, et quelquefois manquent totalement ; de sorte que le grès houiller est recouvert directement par le grès rouge sans interposition de couches d'argilolithes. Il s'en suit que ces couches relevées au jour ont été dégradées et enlevées avant le dépôt du grès rouge.

Cette circonstance, jointe à ce que ces couches ne se montrent nulle part le long de la ligne de superposition du grès rouge sur le terrain de transition, prouve qu'elles font bien partie du terrain houiller et non du grès rouge.

Concordance du terrain houiller et du grès rouge.

Tout ce qui précède tend à établir la concordance la plus parfaite entre le terrain houiller et la formation de grès rouge, et l'on peut dire que la continuité des deux terrains est telle qu'il est impossible de dire où finit le terrain houiller et où commence le grès rouge,

Les caractères généraux qu'accusent d'habitude les changements de terrains, tels que les dépôts de poudingues grossiers ou de conglomérats manquent donc ici complètement.

Les deux périodes géologiques se sont succédé, sans cataclysmes violents, sans perturbations considérables, la nature seule du dépôt a été modifiée insensiblement.

---

(1) *Carte géologique de la France*, t. I, p. 696.

Cette partie de la formation est en général plus puissante que celle qui vient d'être décrite. Son épaisseur croît également à mesure que l'on descend suivant la pente vers le Sud-Ouest.

Au puits Saint-Charles, où l'épaisseur totale de la formation du grès rouge est de. . . . . 182^m,28
la partie supérieure n'est que de . . . . . . , . . . 81^m,48

Au puits Saint-Joseph, à 700 mètres environ au-delà dans l'aval-pendage, la puissance totale du terrain est de 345 mètres pour une épaisseur de grès rouge de 210 mètres.

Au sondage du pré de la Cloche, sur une épaisseur totale de 530 mètres, la partie supérieure des grès rouges atteint 340 mètres de puissance.

Enfin, au puits du Magny, l'épaisseur des grès rouges serait environ de 358 mètres, tandis que celle des argiles n'est que de 230 mètres.

Et si l'on remarque que ce dernier puits a été foncé presque au contact du grès rouge et du grès des Vosges, on peut en conclure que la plus grande épaisseur de la formation entière du grès rouge est de 588 mètres dont 358 mètres pour la partie supérieure des grès et 230 mètres pour la partie inférieure ou des argiles.

D'un autre côté, si aux 240 mètres d'épaisseur de la formation totale du grès rouge traversée au puits Sainte-Marie, on ajoute les 91 mètres qui séparent l'orifice de ce puits de la ligne de contact du grès rouge et du grès des Vosges, à la montagne de la chapelle de Ronchamp, on obtient en ce point, une puissance totale de 331 mètres pour la formation du grès rouge.

Au puits Saint-Charles, cette épaisseur serait encore plus faible et n'atteindrait approximativement que 272 mètres.

Cette augmentation considérable d'épaisseur de la formation du grès rouge entre deux points distants de 2 kilomètres est une nouvelle preuve de l'affaissement du bassin pendant que se formait le terrain houiller, affaissement qui se continuait encore pendant le dépôt du grès rouge.

Composition des grès rouges. La partie supérieure des grès rouges se compose de bancs plus ou moins compacts présentant une stratification assez irrégulière et peu accusée, son inclinaison varie de 15 à 20° au Sud-Ouest.

L'épaisseur de chaque banc varie depuis quelques centimètres jusqu'à 10 et 12 mètres.

Ils renferment des grains de quartz blanc arrondis, des cristaux de feldspath mal définis et en partie décomposés, réunis par un ciment argilo-siliceux, chargé d'oxyde de fer, qui donne à la masse sa couleur locale.

On y trouve souvent aussi des galets anguleux et parfois très-gros de schiste vert de transition, de granit, de syénite et de divers porphyres, roches provenant sans nul doute des montagnes voisines des Vosges.

Structure des grès rouges. La structure des grès est quelquefois très-grossière, les éléments sont mal cimentés et se désagrégent facilement sous l'action des agents atmosphériques. C'est le fait, en général, des assises les plus élevées et par conséquent les plus rapprochées du grès des Vosges, avec lequel elles offrent beaucoup de ressemblances.

D'autrefois, les divers éléments sont liés beaucoup plus intimement, et alors la roche résiste mieux à l'action de l'air et peut même être employée pour la construction.

Différentes carrières ont été ouvertes à la surface dans des bancs analogues, et la grande tranchée du chemin de fer de l'Est, dans la côte Thibaut au-dessus du puits Saint-Charles, en a coupé de belles assises.

Cette variété présente souvent une couleur blanche provenant de la pâte feldspathique qui soude les éléments ; dans ces conditions, elle résiste bien à la gelée.

Les assises de la partie moyenne du grès rouge sont, en général, les plus consistantes et les plus dures, tandis que les couches inférieures contenant plus ou moins de matières argileuses sont les plus tendres.

On trouve cependant à une grande profondeur un banc à grains très-fins, fortement agglutiné, composé de quartz hyalin, de schiste de transition, de feldspath blanc décomposé, le tout lié par une pâte ferrugineuse brun violet, donnant à toute la masse un aspect particulier. Cette assise a été rencontrée au puits Sainte-Pauline, à la profondeur de 405 mètres.

Les grès rouges renferment aussi, particulièrement dans la partie avoisinant les argiles, de nombreux nodules présentant parfois assez d'étendue, de matières talqueuses blanches ou verdâtres, déjà signalés dans les argiles de la partie inférieure.

Les assises supérieures montrent fréquemment de petites taches noires assez distinctes et caractéristiques qui sont dues à l'oxyde de manganèse.

Les bancs de grès sont souvent fissurés et les fentes renferment alors des géodes contenant des cristaux de carbonate de chaux, de dolomie, de pyrite de fer, de quartz et de sulfate de baryte.

Toute la formation du grès rouge, sauf dans les dernières assises des argiles presque en contact avec le terrain houiller, ne présente nulle part des traces de végétaux fossiles. Cette absence de restes organisés du règne végétal, jointe à la fréquence des bancs de grès grossiers de la partie supérieure, montre, comme le dit M. Thirria, que ces terrains ont dû se former pendant la période très-agitée durant laquelle se soulevait la chaîne des ballons qui a contribué à donner au bassin la forme qu'il affecte aujourd'hui et a déterminé les accidents dont il a été question dans la description du terrain houiller.

Absence de végétaux fossiles.

Grès des Vosges.

Le grès des Vosges n'est traversé nulle part dans les puits de Ronchamp.

Dans la concession de Mourière, il a été recoupé par le sondage Garnier sur une hauteur de 50 mètres, et par le sondage de Malbouhans, mais sur 15 mètres seulement.

Il couronne la colline de Ronchamp et forme les crêtes des buttes du Chérimont et d'Etobon.

On le voit encore sur les hauteurs qui dominent le puits du Magny où il forme des escarpements connus sous le nom de la *Pierre-Blanche*.

Les cailloux de quartz blanc détachés du terrain désagrégé ont roulé sur les talus abrupts et recouvrent les flancs de la colline, ce qui fait facilement reconnaître la présence du grès des Vosges.

Cependant, les éléments qui le composent ne sont pas toujours aussi faciles à désagréger ; à la Chapelle de Ronchamp, on rencontre des bancs à gros éléments de quartz et de porphyre très-bien soudés et que l'on a pu exploiter comme matériaux grossiers de construction ou comme roches propres à borner les propriétés.

La plus grande épaisseur de ce terrain, très-certainement supérieure à 15 mètres, comme l'indique M. Thirria, paraît être de 50 mètres, c'est du moins celle qui a été mesurée au sondage Garnier de la concession de Mourière, ainsi qu'aux escarpements situés à l'Est et au-dessus du puits du Magny.

Concordance
du
grès des Vosges
avec
le grès rouge.

Ce terrain se lie aux premières assises du grès rouge par une alternance de bancs similaires et sans discordance sensible de stratification.

Malgré cela, le passage d'une des formations à l'autre est très-visible, par suite de la différence de cohésion des éléments composant les dernières assises du grès rouge qui sont en général assez lâches ; il en résulte que le passage du grès rouge au grès des Vosges se fait par une sorte d'escarpement assez raide que l'on remarque très-bien à la Chapelle de Ronchamp, ainsi qu'au Chérimont et à la butte d'Etobon.

Un fait digne de remarque et déjà signalé par M. Thirria est la présence de plateaux de grès des Vosges situés à des hauteurs qui, d'après ce savant géologue, ne paraissent plus être en rapport de continuité avec les assises en place observées soit à la Chapelle de Ronchamp, soit au Chérimont. Je veux parler des plateaux du mont de Vannes s'étendant jusqu'au Plainet, où le grès des Vosges parfaitement caractérisé est situé à une altitude de 650 à 700 mètres et repose directement sur les porphyres bruns de transition.

Lambeaux
de
grès des Vosges
sur les terrains
anciens.

Or, si l'on prolonge par la pensée l'assise de séparation des deux terrains à la Chapelle de Ronchamp, jusqu'aux plateaux du Mont-de-Vannes avec l'inclinaison toujours très-faible du grès des Vosges qui ne dépasse pas 12 à 15 centimètres par mètre, le raccordement se fait assez bien, sans qu'il soit nécessaire, comme le pense M. Thirria, de faire intervenir un relèvement du grès des Vosges par le soulèvement du porphyre de transition; mais on doit admettre que le dépôt du grès des Vosges ne s'est produit qu'après le phénomène lié à l'apparition de la chaîne des ballons qui a amené les porphyres au jour.

Grès bigarré.

Ce terrain, immédiatement supérieur au précédent, ne se rencontre qu'au Sud-Ouest de la concession, près du village de Clairegoutte, à Saint-Germain, et à Frédéric-Fontaine, où l'on a ouvert de très-belles carrières dans quelques assises de cette formation.

C'est de ces carrières que l'on a extrait cette pierre d'un blanc jaunâtre avec marbrures rougeâtres, vraiment remarquables, qui a servi à former tous les appareils des constructions et des travaux d'art du chemin de fer de l'Est. Les bancs à grains très-fins peuvent fournir des meules à aiguiser très-estimées dans le pays.

C'est des carrières de Clairegoutte que la Compagnie de Ronchamp tire toutes les pierres de taille pour l'installation de ses machines, et tous les moëllons qui servent au muraillement des puits.

L'inclinaison des bancs est très-faible ; à Clairegoutte, elle ne dépasse pas 4 à 5°, et à Frédéric-Fontaine les strates sont à peu près horizontales.

Le grès est à grain fin très-homogène, se laisse tailler et couper facilement au sortir de la carrière ; mais il devient beaucoup plus dur quand il est extrait depuis quelque temps. Il renferme un grand nombre d'impressions de végétaux, mais, en général, mal définis et mal conservés, de tiges de calamites et de fougères. On y rencontre beaucoup de fragments de bois qui sont minéralisés par une matière argilo-ferrugineuse. Les premières assises de ce terrain, quoique ne présentant pas de discordance sensible de stratification avec le grès des Vosges, sont assez nettement distinctes de celui-ci par le grand nombre de cavités irrégulières qu'elles renferment et qui sont, en général, d'assez petit volume.

Ces perforations proviennent, d'après M. Thirria, de petits noyaux d'argile verdâtre qui ont été désagrégés facilement sous l'action des agents atmosphériques. Le contact du grès des Vosges et du grès bigarré se fait, en outre, remarquer par un grand nombre de sources qui sourdent entre la dernière assise à ciment argileux du grès des Vosges et les premiers bancs du grès bigarré.

C'est à ce contact qu'émerge la source de la Belle-Fontaine qui doit son nom bien mérité à la fraîcheur et à la limpidité de ses eaux ; elle est située à un kilomètre environ au midi du puits d'Eboulet, dans les forêts de l'Etat qui recouvrent le Chérimont.

Le grès bigarré se distingue du grès des Vosges par le mica qu'il renferme parfois en très-grande abondance et donne alors à la roche une structure schisteuse.

Il aurait dans cet état beaucoup de ressemblance à certains bancs de grès schisteux très-micacé, appartenant au grès rouge avec lequel on pourrait le confondre ; mais la teinte rouge de ce dernier est généralement plus foncée, sa texture moins ferme et son grain moins homogène.

C'est en plein grès bigarré, un peu au Nord du village de Clairegoutte qu'avait été commencé le sondage de ce nom et qui a été arrêté à la profondeur de 258^m,36.

D'après les épaisseurs reconnues pour les différents terrains qu'il aurait dû traverser, et d'après la loi d'accroissement de puissance du terrain houiller, on peut être assuré, comme il a déjà été dit, que ce sondage n'aurait dû rencontrer les couches de houille qu'entre 1.100 et 1.200 mètres.

C'est donc plus tard à ces profondeurs que l'on devra aller exploiter la houille dans le bassin de Ronchamp, à moins qu'il ne se produise un relèvement que rien ne fait prévoir dans la direction du Sud-Ouest.

Terrains d'alluvions.

Je terminerai cette étude géologique par quelques mots sur les alluvions qui forment les premières couches que l'on doit traverser dans les fonçages de puits et, je dois le dire, ce ne sont pas celles qui offrent le moins de difficultés, par suite de leur peu de stabilité et de leur grande perméabilité.

Leur épaisseur dans la plaine de Ronchamp varie de 6 à 8 mètres ; elles sont composées d'un mélange de sable, de gravier et de galets dont la grosseur varie depuis celle d'un œuf jusqu'à celle de la tête ; le tout retenu par un peu d'argile qui donne à l'ensemble une certaine consistance qui n'est jamais de longue durée.

La quantité d'eau que ces alluvions laissent circuler est variable d'un point à un autre ; mais elle n'est guère inférieure, mesurée dans le fonçage des puits, à 15^{m3} par heure, et ne dépasse pas 30^{m3}.

Il est donc impossible de franchir cette couche sans le secours de cuvelages que l'on est obligé de prolonger jusqu'à des profondeurs variables de 30 à 90 mètres, suivant que les premières assises du grès rouge sont plus ou moins fissurées.

On verra dans la seconde partie de ce travail, en parlant du fonçage des puits, le degré de difficulté que présente le passage de ces terrains d'alluvions.

FIN DE LA PREMIÈRE PARTIE.

EXPLICATION DES PLANCHES.

Pl. IX. — Carte géologique du bassin de Ronchamp. Extrait de la Carte géologique de la Haute-Saône par M. Thiria, amplifié à l'échelle de $\frac{1}{40000}$ d'après la Carte des agents-voyers.

On y a figuré les limites de concessions, la ligne de coupe A B suivant la plus grande pente des bancs, les lignes de coupes CD et EF perpendiculaires au grand axe MN du bassin. Enfin, les lignes G H et KL indiquent les axes des deux systèmes de soulèvements qui ont influé sur la formation houillère, le premier est parallèle au grand axe des Vosges (système du Rhin), le deuxième est parallèle au soulèvement des ballons.

Pl. X. — Plan général des travaux et de la surface sur les communes de Ronchamp et Champagney, à l'échelle de $\frac{1}{10000}$.

Tous les puits et sondages y sont représentés avec les cotes du fond en chiffres penchés et celles du jour en chiffres droits. Toutes les cotes sont prises à partir d'un plan horizontal passant à 400 mètres au-dessous du niveau de la mer. Les lignes MN. OP. RS. indiquent les axes des soulèvements qui ont relevé et étiré les couches parallèlement au système des ballons suivant une direction E. 15° S. et la ligne TV est l'axe d'un soulèvement parallèle au système du Rhin N. 21° E. Enfin, la ligne AB est la trace du plan vertical suivant lequel est faite la coupe générale suivant la plus grande pente des bancs.

Les travaux dans la première couche sont hachés; ceux dans la deuxième pointillés, et ceux dans la partie supérieure de la deuxième couche ponctués.

Pl. XI, Fig. 1. — Coupe générale suivant l'inclinaison des couches, suivant la ligne AB de la Pl. X, et sur laquelle tous les puits sont projetés. On y remarque les trois gibbosités de terrain de transition, correspondant aux trois soulèvements connus et parallèles sensiblement à la direction des couches.

La Fig. 2 est la coupe du bassin suivant la ligne CD de la Pl. IX, perpendiculaire au grand axe MN.

La Fig. 3 est une coupe parallèle à la première suivant la ligne EF menée par le puits du Magny. La première coupe est tirée de l'ouvrage de M. Kœchlin-Schlumberger, sur le terrain de transition des Vosges.

La Fig. 4 est un *fac simile* d'un plan à vol d'oiseau des points où les couches de houille affleurent, ainsi que le tracé de la rigole d'écoulement des anciens travaux, dont il sera question dans la deuxième partie de ce mémoire. L'original porte la date de juillet 1816.

Pl. XII, Fig. 1 à 14. — Coupes des différents puits et principaux sondages de la concession de Ronchamp.

Fig. 15 à 26. — Coupes des anciens puits et anciens sondages de la houillère de Ronchamp. Les Fig. 27 à 37 représentent les différentes épaisseurs et compositions de la première et de la deuxième couche aux puits Saint-Charles, Saint-Joseph, Sainte-Pauline et au puits Saint-Georges.

Pl. XIII. — Les Fig. 1, 2, 3 et 4 sont des coupes verticales passant par différents puits et présentant des exemples de soulèvements du terrain de transition.

La Fig. 5 est un diagramme montrant la diffusion des couches en allant de l'Est à l'Ouest. L'échelle des hauteurs est double de celle des longueurs. Les lignes verticales en pointillé indiquent les points où les observations ont été faites dans les travaux.

La FIG. 6 est la coupe en long du travers-bancs, pris au toit de la couche, dans la galerie réunissant Saint-Charles à Sainte-Marie et à 445 mètres de ce dernier puits. Elle montre clairement la dispersion des couches du côté de l'Ouest et l'inutilité des recherches de ce côté.

PL. XIV, FIG. 1 à 11. — Coupes des puits, sondages, couches et accidents de couches de la concession de Mourière. On y voit deux très-remarquables exemples de soulèvement du terrain de transition qui sont les similaires de ceux de Ronchamp et qui affectent les couches de la même manière.

La FIG. 12 est une coupe verticale passant par les puits Maugrand et Saint-Pierre de Blanzy, et offrant plusieurs exemples de rejets montants et descendants, et montrant la différence qui existe entre ces accidents et ceux de Ronchamp.

FIG. 13 à 16. — Coupes verticales et horizontales d'une galerie tracée au mur de la deuxième couche des mines de Blanzy au puits Saint-Pierre, étage 220 mètres, dans laquelle on a rencontré un grand grand nombre de tiges fossiles en place. Cet exemple de forêt fossile vient à l'appui de la théorie de la formation des couches de houille *in situ* et en position horizontale.

TABLE DES MATIÈRES.

CARTE GÉOLOGIQUE DU BASSIN DE RONCHAMP
d'après celle de M. THIRRIA

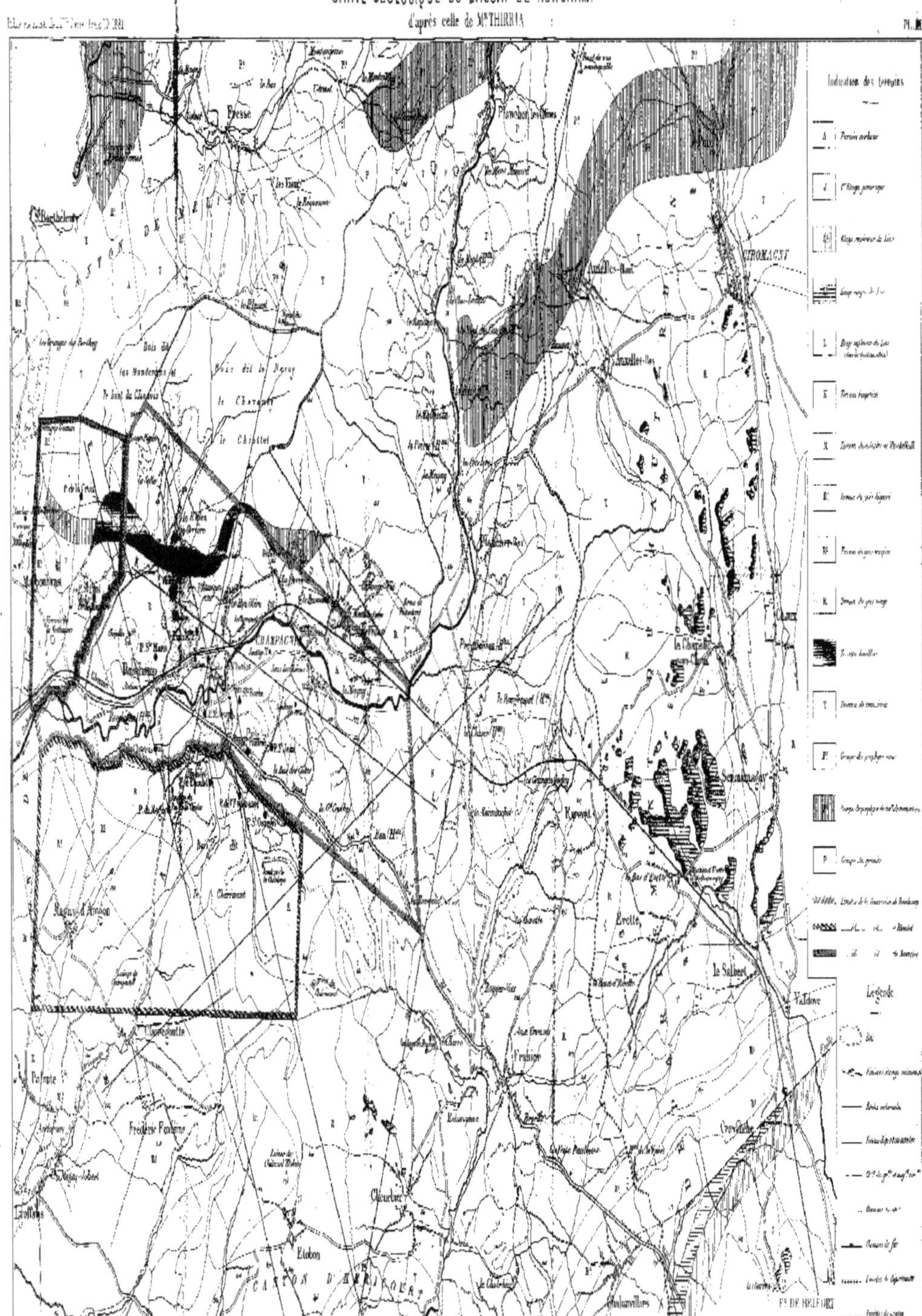

Échelle de terrain

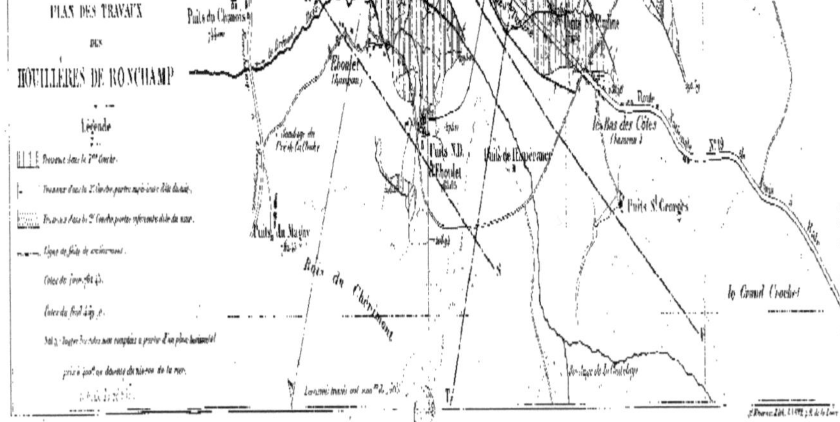
PLAN DES TRAVAUX
DES
HOUILLÈRES DE RONCHAMP
Légende
Travaux dans la 1ère Couche.
Travaux dans la 2e Couche partie supérieure dite toit.
Travaux dans la 2e Couche partie inférieure dite du mur.
Ligne de faîte de croisement.
Cotes du jour.
Cotes du fond.
Nota. Toutes les cotes sont comptées à partir d'un plan horizontal
pris à 400m au dessous du niveau de la mer.
le Rhien ou Ooiève
(hameau)
Bois de l'Étançon
Puits N°3
Puits N°4
la Roaverie
Fosse du Chevalet
Puits Sariège
Puits N°6
Bois du Cheronel
Puits N°1
Chaumagney
(village)
Puits N°5
Puits St Louis
Puits N°2
Sondage Y
Puits Ste Marie
Sondage
le Rhien
Sondage Y de Ronchamp à Belfort
Puits N°5 bis
Cimetière
Sondage sur Chaumagney
Bois les Chinns
Ronchamp
(village)
Recologne
(hameau)
Puits St Charles
le Thenrey
Puits St Jean
Puits St Georges
Puits du Chamois
Puits Ste Barbe
Éboulet
(hameau)
les Bas des Côtes
(hameau)
Sondage du
Pré de la Chute
Puits N.D.
St Eboulet
Puits de l'Espérance
Puits St Georges
Puits du Magny
Bois du Chérimont
le Grand Crochet
Sondage de la Coulange
Concession de
Mourière
Puits St Paul
des Houillères
de Mourière
Galerie
St Louis
Mourière
(hameau)
Concession de Ronchamp
Chapelle
de Ronchamp

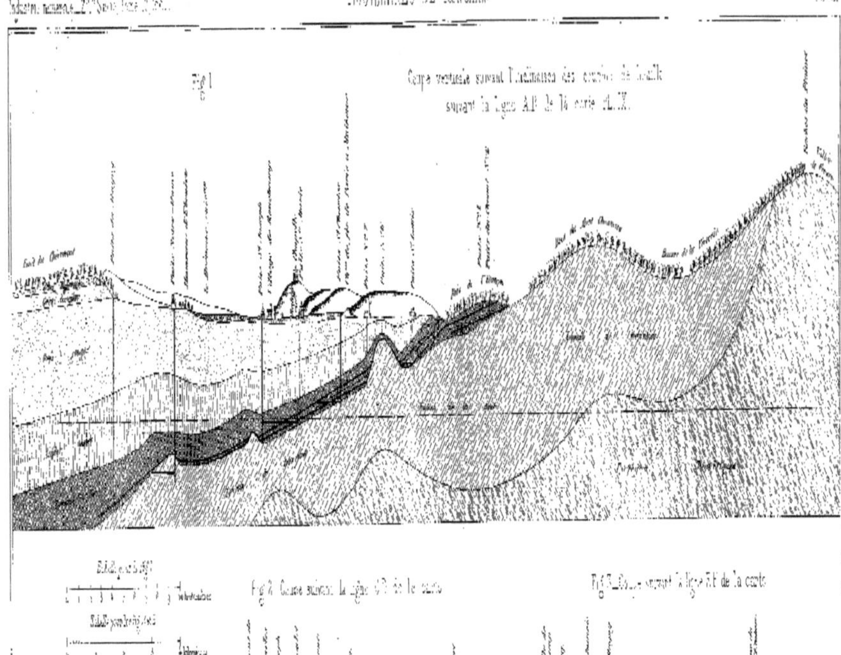
Fig 1
Coupe verticale suivant l'inclinaison des couches de houille
suivant la ligne AB de la carte (fig X)
Fig 2 — Coupe suivant la ligne CD de la carte
Fig 3 — Coupe suivant la ligne EF de la carte
Nord
LÉGENDE
Grès houiller
Grès des Vosges
Grès rouge
Schiste
Argile
Terrain houiller
Terrain de transition
Porphyre pyroxénique

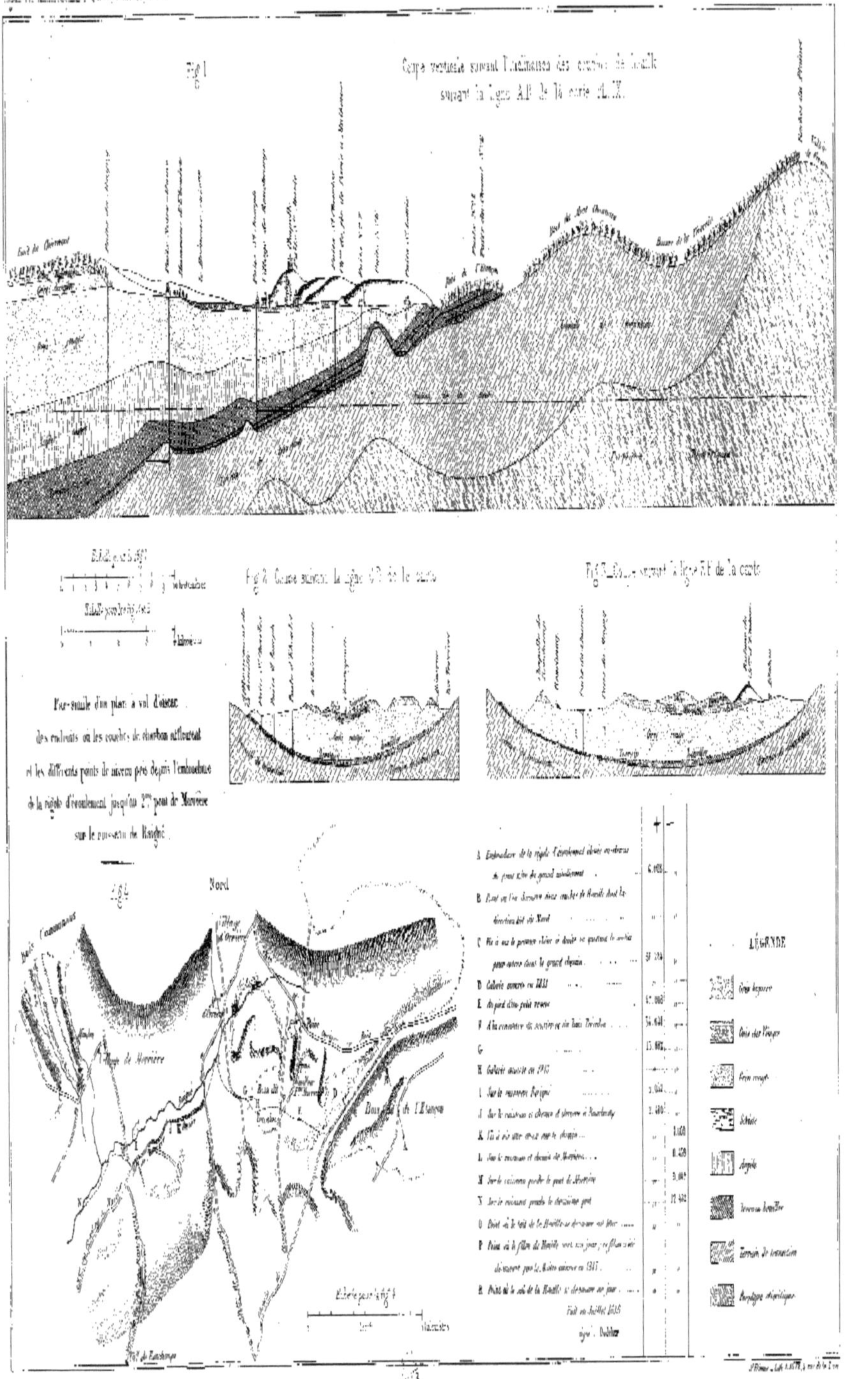

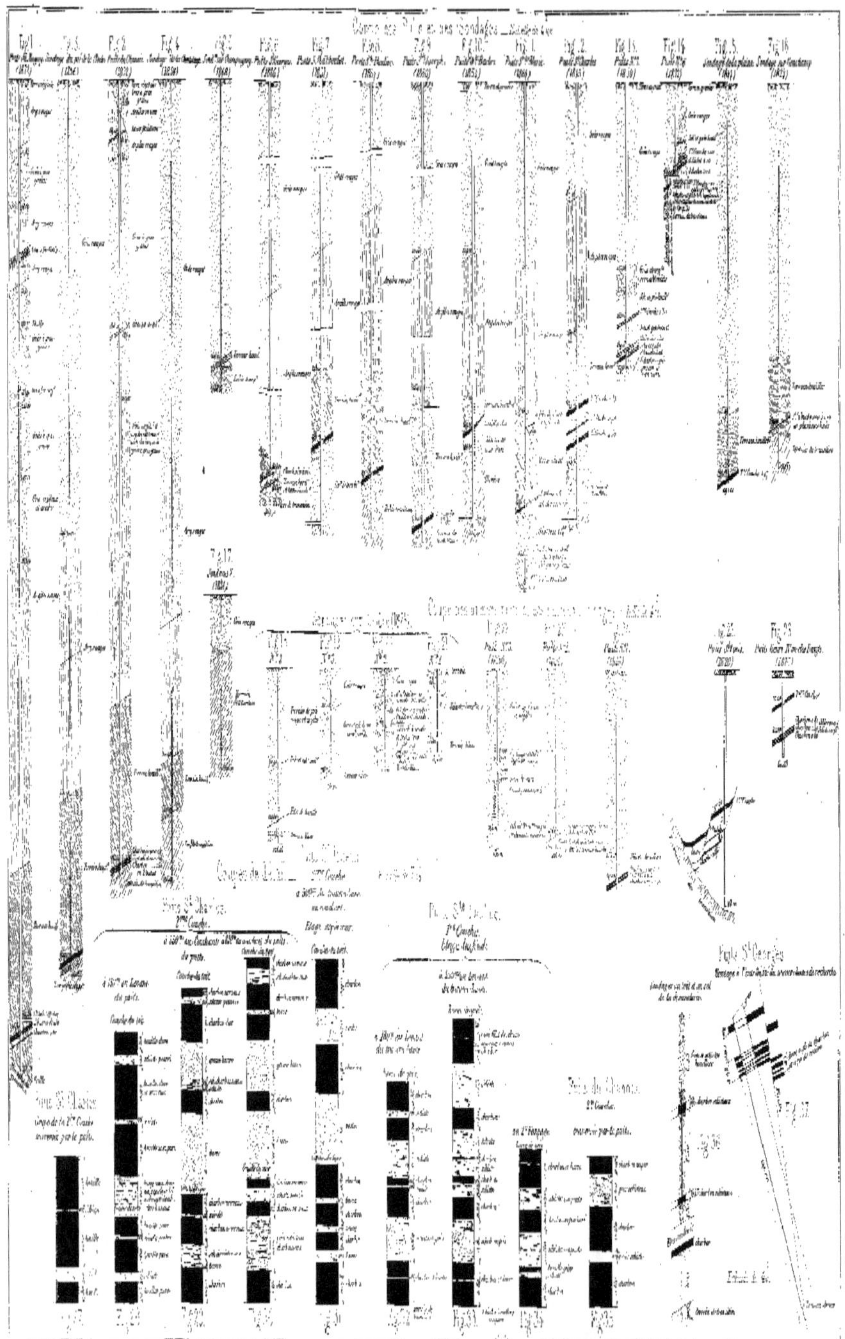

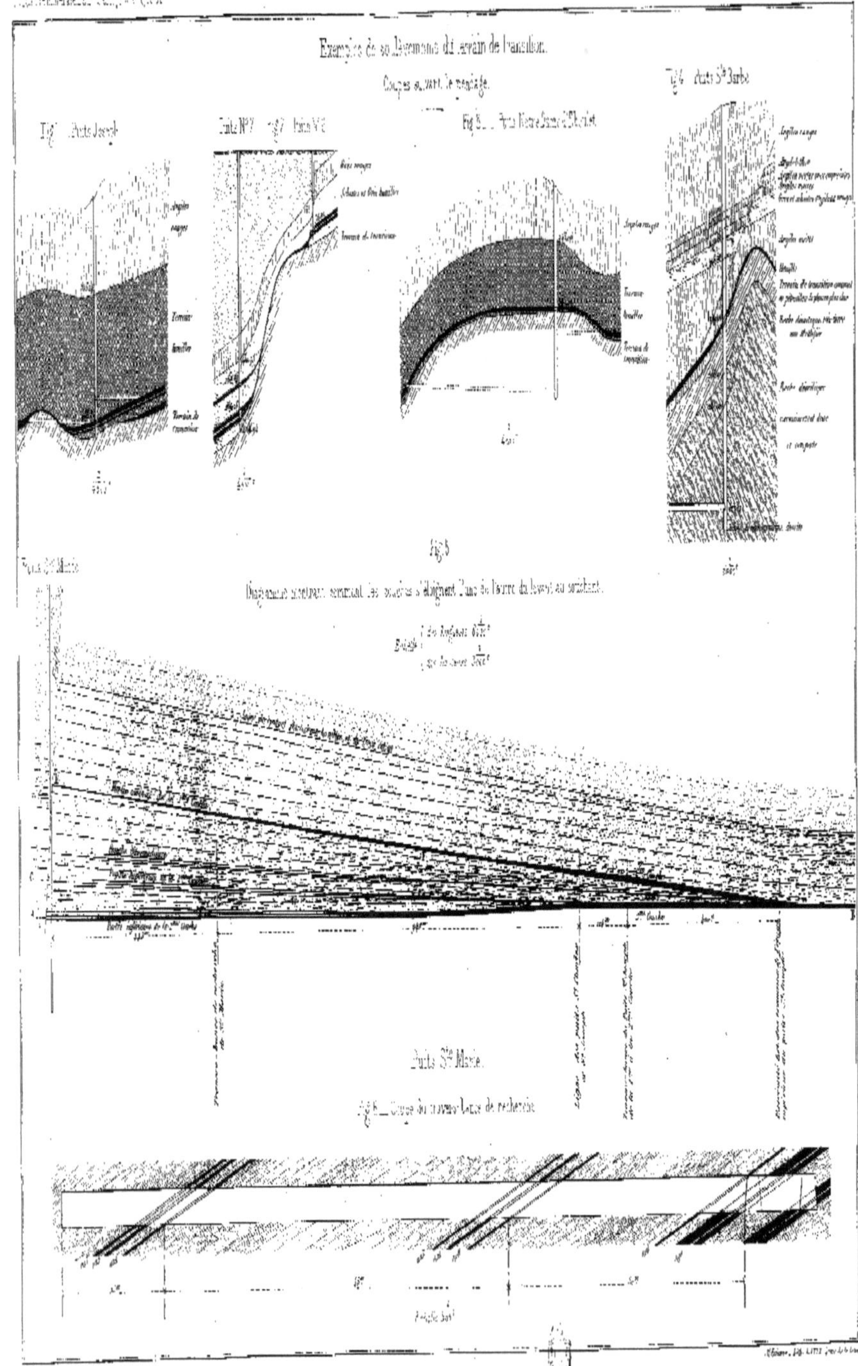
Exemples de soulèvements du terrain de transition.
Coupes suivant le pendage.
Fig. 1 — Puits Joseph
Fig. 2 — Puits N° 2
Fig. 3 — Puits Notre-Dame-d'Échelotte
Fig. 4 — Puits Ste Barbe
Puits Ste Marie
Fig. 5
Fig. 6 — Coupe des travaux-Laves de recherche
Puits Ste Marie.

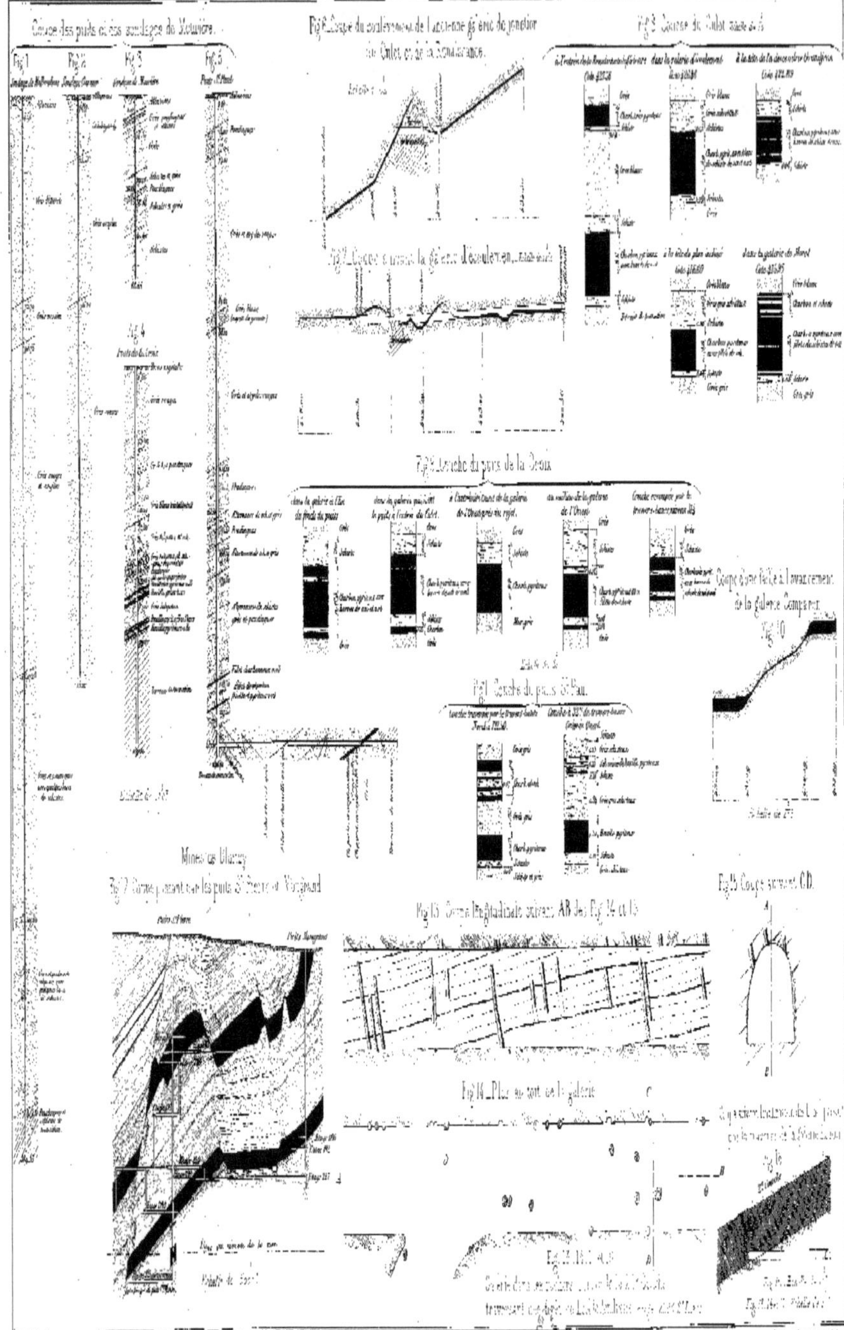

Coupe des puits et des sondages de Mouture.
Fig.1
Fig.2
Fig.3
Fig.5
Fig.4
Fig.6 — Coupe du soulèvement de l'ancienne galerie de jonction du Culot et de la Renaissance.
Fig.7 — Coupe au niveau de la galerie d'écoulement
Fig.8 — Coupe du Culot
Fig.9 — Coupe du puits de la Croix
Fig.10
Fig.11 — Coupe du puits St Paul
Mines de Blanzy
Fig.12 — Coupe passant par les puits St Pierre et Vougeaud
Fig.13 — Coupe longitudinale suivant AB des Fig.14 et 15
Fig.14 — Plan au toit de la galerie
Fig.15 — Coupe suivant CD

www.ingramcontent.com/pod-product-compliance
Lightning Source LLC
LaVergne TN
LVHW020654200726
843508LV00002B/771